中国教育发展战略学会人工智能与机器人教育专业委员会 联合规划
中关村互联网教育创新中心

人工智能与智慧社会

韩力群　施　彦　赵姝颖　**主编**

U0290956

北京邮电大学出版社
www.buptpress.com

内 容 简 介

人工智能是研究和开发用于模拟、延伸和扩展人的智能的理论、方法、技术及应用系统的一门新的技术科学,是推动新质生产力的重要引擎。本书内容对标教育部《义务教育信息科技课程标准(2022 年版)》第四学段的"人工智能与智慧社会"模块,介绍人工智能的基本概念和术语,通过生活中的人工智能应用,使学生理解人工智能的特点、优势和能力边界,知道人工智能与社会的关系,以及发展人工智能应遵循的伦理道德规范。智慧社会包括社会经济、政府治理和能源环境等领域,是在智慧城市普遍发展的基础上形成的一种新型社会形态。通过本书的学习,学生能提升自身的 AI 科技素养,体验 AI 技术赋能的魅力,同时认识到智慧社会这一新型社会形态下的新机遇与新挑战。

图书在版编目(CIP)数据

人工智能与智慧社会 / 韩力群,施彦,赵姝颖主编 .

北京 : 北京邮电大学出版社,2024. - - ISBN 978-7 -5635-7252-6

Ⅰ. TP18;G201

中国国家版本馆 CIP 数据核字第 2024LV7200 号

策划编辑:刘纳新   责任编辑:孙宏颖   责任校对:张会良   封面设计:七星博纳

出版发行:北京邮电大学出版社

社   址:北京市海淀区西土城路 10 号

邮政编码:100876

发 行 部:电话:010-62282185   传真:010-62283578

E-mail:publish@bupt.edu.cn

经   销:各地新华书店

印   刷:河北宝昌佳彩印刷有限公司

开   本:720 mm×1 000 mm   1/16

印   张:13

字   数:202 千字

版   次:2024 年 7 月第 1 版

印   次:2024 年 7 月第 1 次印刷

ISBN 978-7-5635-7252-6   定 价:49.00 元

前　言

人工智能学科自 1956 年诞生以来,其理论、方法和技术不断取得令人叹为观止的进步,正在对世界经济、人类生活和社会进步产生极其深刻的影响,人类正在进入智能化时代!

为了使青少年更好地适应智能化时代,必须提升他们的人工智能科技素养。2017 年 7 月,国务院颁发的《新一代人工智能发展规划》明确提出:应逐步开展全民智能教育项目,在中小学阶段设置人工智能相关课程。2022 年教育部发布的《义务教育信息科技课程标准(2022 年版)》(以下简称《新课标》)在第四学段增加了"人工智能与智慧社会"等内容。

本书内容的设计以《新一代人工智能发展规划》的精神为指引,对标《新课标》关于"人工智能与智慧社会"的具体要求,分 3 个主题实现《新课标》的相关达成目标。

主题一为"人工智能的基本概念和常见应用",让学生学习人工智能的基本概念和术语,了解人工智能的基本特征及其所依赖的数据、算法和算力三大技术基础;让学生通过身边的人工智能应用,体会人工智能技术正在帮助人们以更便捷的方式投入学习、生活和工作中,感受人工智能技术的发展给人类社会带来的深刻影响。

主题二为"人工智能的实现方式与典型案例分析",让学生初步了解人工智能中机器学习、逻辑推理、空间搜索和模型预测等的不同实现方式;通过分析典型案例,对比计算机传统方法和人工智能方法处理同类问题的效果,让学生理解人工智能的特点、优势和能力边界。

　　主题三为"智慧社会下人工智能的伦理、安全与发展",通过了解人工智能在各行各业的典型应用场景,让学生体会智慧社会是一种集成了多种具有人工智能基础设施和服务的智能生态系统;让学生了解智慧社会这一新型社会形态下的新机遇与新挑战,知道人工智能发展必须遵循的伦理道德规范。

目　　录

主题一　人工智能的基本概念和常见应用

主题二　人工智能的实现方式与典型案例分析

主题三　智慧社会下人工智能的伦理、安全与发展

实践活动参考课题

主 题 一
人工智能的基本概念和常见应用

第一单元 人工智能的基本概念

课题 1 自 然 智 能

人类和动物所具有的智能均以生物的脑为载体,生物的脑是经过自然界漫长进化产生的结果,因此,人类和动物所具有的智能统称为自然智能,也可以称为生物智能。

(一) 人脑的智能

人类的大脑具有思考问题、分析问题和想办法解决问题的能力,这种能力就称为智能。在地球上已知的生物群体中,"人为万物之灵",而"灵"的核心就在于人类具有发达的大脑。大脑是人类思维活动的物质基础,而思维是人类智慧与能力的集中体现。

人类在完成不同的任务和解决不同的问题时,需要用到人脑的不同智能。例如:在学习语文时,需要有效运用阅读写作能力;在学习数理化时,需要逻辑思考与推理能力、归纳

大脑——思维活动的基础

能力、三维空间表达能力;在人际交往时,需要自我表达能力以及了解他人所思所想,观察和区分他人情绪意向、动机及感觉的沟通能力;等等。

对人脑不同的智能进行分类,不仅能更有效地培养并提高青少年的各种能力,而且有利于用人工的方法在机器上实现各种类型的智能,从而发展人工智能技术,达到"模拟、延伸和扩展人的智能"的目的。

1. 感知智能

所谓感知,包括感觉和知觉两层含义。感觉是人脑对作用于人体感官的客观事物的个别属性的直接反应;知觉是人脑对作用于感觉器官的客观事物的整体属性的认识或解释。知觉是在感觉的基础上产生的,是在人的实践活动中逐渐发展起来的对于直接作用于感官的刺激的认识,二者密不可分,合称为感知。

人体通过各种感觉器官和感觉中枢感知自身信息和环境信息。人脑天然地具有多传感信息融合的感知智能,人类自然而然地运用这种智能将多种人体感觉器官传入的不同类型信息融汇起来,根据经验和知识进行综合性的多感知信息处理。

模拟人类感知智能的人工智能技术称为机器感知。

2. 识别智能

识别是人脑的一种基本智能。我们每天在日常生活中都会看到不同的事物、听到不同的声音、尝到不同的味道、闻到不同的气味,当我们接触到的东西是头脑中记忆的东西时,我们马上会知道"这是什么""那是什么",这种能力就是识别智能。

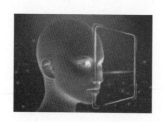

不同类型的信息输入

记忆代表一个人对过去的经历、感受、经验的累积,是人脑对经历过的事物的记录、保存、再现或回忆。因此,记忆能力是识别能力的基础。我们对某个事物的信息和特点记得越牢、越完整,以后再遇到该事物时就识别得越快、越准。

人们在观察事物或现象的时候,常常要寻找该事物或现象与其他事物或现象之间的不同之处,以对事物或现象进行描述、辨认和识别,并根据一定的目的把各个相似的但又不完全相同的事物或现象组成一类。人脑的这种思维能力就构成了"模式"的概念。所谓"模式"在不同的学科中有不同的定义,这里采用一种通俗易懂的解释:模式即事物的标准式样。

模拟人类识别智能的人工智能技术称为**模式识别**。

3. 推理智能

人脑具有利用知识进行推理的能力,根据推理的逻辑基础,常见的推理类型有从特殊到一般的归纳推理和从一般到特殊的**演绎推理**等。

归纳推理举例:直角三角形的内角和是 $180°$,锐角三角形的内角和是 $180°$,钝角三角形的内角和是 $180°$,因为全部三角形包括直角三角形、锐角三角形和钝角三角形 3 种类型,所以所有三角形的内角和都是 $180°$。

演绎推理举例:所有金属都能导电,因为铜是金属,所以铜能导电。

模拟人类利用知识进行推理的人工智能技术称为**机器推理**。

4. 特征提取

人在认识各种事物时,大脑会下意识地对其特征进行提炼和存储。当再次看到或听到这些特征时,会将其与之前大脑中存储的事物特征进行匹配,从而认出该事物。提炼和描述事物的特征信息称为"特征提取"。

对同一事物可从不同角度进行特征提取。例如,《你说我猜》游戏展

《你说我猜》游戏
展示的图片

示了一张兔子的图片。有的同学会这样描述：

它是一种动物，它长着短短的尾巴、长耳朵、三瓣嘴。

还有的同学可能会这样描述：

它是一种温顺的小动物，它爱吃萝卜、青菜，走起路来蹦蹦跳跳。

显然，高质量的特征提取会大大降低识别的难度。对事物进行特征描述并非靠详尽取胜，而在于精准和独特，要尽量准确地将待识别的事物所具有的独一无二的特征提取出来。

5. 认知智能

认知智能是指人脑加工、储存和提取信息的能力，即我们一般所讲的智力，如观察力、记忆力、想象力等。人们认识客观世界，获得各种各样的知识，主要依赖于人的认知智能。认知智能又称为认识智能，指学习、研究、理解、概括、分析的能力。从信息加工观点来看，即接收、加工、储存和应用信息的能力。罗伯特·米尔斯·加涅（Robert M. Gagne）在其学习结果分类中提出 3 种认知智能：言语信息、智慧技能和认知策略。

模拟人类认知智能的人工智能技术称为机器认知。

（二）动物的智能

既然自然智能均以生物的脑为载体，那么，动物是否也有智能呢？

科学家们通过长期观察和深入研究发现，许多动物的智能远远超过我们的想象。

大猩猩、黑猩猩和长臂猿等灵长类可以迅速地学会手势语言，并和人类进行交流，可

有智慧的黑猩猩

以借用树枝等引诱并捕获猎物,可以用石头敲碎坚果,甚至可以用树叶盛水。

据《纽约每日新闻》2011 年 12 月 30 日报道,在美国艾奥瓦州,一只 31 岁的黑猩猩不但懂得使用工具,甚至还会生火做饭,超强的本领让人拍手称奇。

相关研究显示,大象具有惊人的记忆力。即使几年过去了,大象仍然会记得它们喝过水的地方。大象会通过制造不同的声响与同类进行交流,还会使用高级工具。科学家们一直怀疑,大象拥有硕大的大脑、复杂的社会结构,因此应该具备自我意识。2005 年,一项大象照镜子实验证实了上述猜测。美国研究人员在美国《国家科学院学报》网站发表文章指出,大象在镜前的举动表明它们能够认出镜中的自己,具有自我认知能力。

除了个体动物,人们在观察自然界的鸟兽鱼虫等生物群体的行为时惊奇地发现,在这些生物群体中,即使每个个体的能力都微不足道,但整个群体却呈现出很多不可思议的智能行为:蚁群在觅食、筑巢和合作搬运过程中的自组织能力,蜂群的角色分工和任务分配行为,鸟群从无序到有序的聚集飞行,狼群严密的组织系统及其精妙的协作捕猎方式,鱼群通过觅食、聚群及追尾行为找到营养物质最多的水域,等等。这些历经漫长时间进化而来的群体智能为人造系统的优化提供了很多可资借鉴的天然良策。

蚁群

鸟群

课题 2　人 工 智 能

进入 20 世纪以来，人们逐渐认识到，人脑的结构、机制和功能中凝聚着无数的奥秘和智慧，对人类大脑思维能力的模拟具有巨大的意义，而计算机的发明和广泛应用为这种设想和尝试提供了有利的工具。

1956 年，坐落于美国新罕布什尔州汉诺佛小镇上的达特茅斯（Dartmouth）学院，迎来了一群来自不同学科的年轻学者。他们在这里召开了为期两个月的学术研讨会，探讨"机器是否可以有智能"，这是一个对当时的世人来说完全"不食人间烟火"的话题！这次学术研讨会提出了"人工智能"（Artificial Intelligence，AI）这一术语，从此，一门被称为人工智能的崭新学科异军突起，开启了它几起几落、曲折传奇的漫漫征程。

（一）什么是人工智能？

用人工的方法在机器上特别是在计算机上实现的智能，称为人工智能。人工智能作为一门新的技术科学，主要研究并开发用于模拟、延伸和扩展人的智能的理论、方法、技术及应用系统。

近年来，各种人工智能技术得到了广泛应用，辅助甚至替代了许多过去只能由人来完成的工作。例如：应用计算机视觉技术精准地完成各种自动识别任务；利用机器学习技术从大量数据中自动提炼知识、发现规律；利用自然语言处理技术赋予计算机人类般的文本处理能力；应用语音识别技术自动而准确地将人类的语音转变为文字。人工智能技术在语音书写、声音控制、电话客服、人机交互等领域得到了广泛应用。

各种装备、工具或软件系统被人工智能技术赋能后，常呈现出某种类人或类脑的行为特点。例如，能像人一样感知（多感官信息融合），能像人一样学习，能像人一样处理信息（能举一反三、融会贯通），能像人一样思考（逻辑思维＋形象思维），能像人一样"三思而后行"，等等。

会学习的机器

（二）人工智能的基本概念

1. 学习与训练

著名的人工智能学者赫伯特·亚历山大·西蒙（Herbert Alexander Simon）将学习定义为："如果一个系统能够通过执行某种过程而改变它自身的性能，这就是学习。"西蒙还指出，学习"能够让系统在执行同一任务或同类的另外一个任务时比前一次执行得更好"。

西蒙在学习的定义中提出了 3 个要素，即过程、系统、性能改进。第一，学习是一个过程；第二，学习过程是由一个学习系统来执行的，显然，如果这个系统是人，即人类学习，如果这个系统是计算机，即机器学习；第三，学习的结果将带来系统性能的改进，即熟能生巧、越做越好！

在机器学习中将前人积累的科学文化知识和技能称为历史数据，对这些历史数据进行归纳总结的过程称为训练。

MACHINE LEARNING

机器大脑与人类大脑

2. 学习智能

人类获取知识的基本手段是学习，人的认知能力和智慧才能就是在毕生的学习中逐步形成的，学习能力是人类智能的重要标志。学生最熟悉的学习方式之一就是在老师的指导下,有计划、有目的、有组织、系统地接收前人积累的科学文化知识和技能,丰富自己的知识和经验,认知相关规律,并利用这些知识、经验和规律来举一反三、融会贯通地认知新知识并解决(类似的)新问题。

模拟人类学习智能的人工智能技术称为机器学习。

3. 模型与预测

训练得到的知识、经验和规律统称为模型,模型对新数据的输出称为预测分析。常见的预测分析模型包括分类模型、聚类模型、预测模型、时间序列模型等。

传统的预测模型常采用数学公式,例如线性回归模型、非线性回归模型等。机器学习需经过训练过程建立预测模型,所建立的模型往往无法用数学公式描述,例如决策树模型、神经网络模型等。

4. 样本与样本空间

机器学习时需从大量历史数据中选出一些有代表性的数据用于训练,训练所用到的数据称为样本,所有训练样本称为训练样本集。

不同的水果样本

为了对样本进行处理,必须用相同的特征属性描述每个样本。例如,要对水果样本进行分类,每个水果样本的特征属性与特征数量必须一致。表1-1统一用形状、果皮颜色、果肉颜色、质量4个特征属性描述了几种不同的水果样本。

表 1-1　水果特征

样本编号	形状	果皮颜色	果肉颜色	质量
样本 1	圆形	橙色	橙色	80 克
样本 2	圆形	红色	白色	78 克
样本 3	圆形	绿色	红色	4 000 克
样本 4	椭圆形	紫色	浅绿色	5 克

为了能用计算机进行分类处理,样本的每个特征都需要数值化。对于能够测量的特征属性,可以直接用测量值作为特征值。例如:水果的质量可以用实际质量表示;水果的颜色可以用其色调值或 RGB 值表示。对于那些只能用语言描述的特征,如圆形、方形、三角形……,可以用事先约定的数字来表示,如"1"代表圆形,"2"代表方形,"3"代表三角形,等等。

将样本的所有特征按照一定的顺序依次排列好,再用一对括号将这些特征括起来,就得到样本的特征向量。

例 1 用身高(单位:m)和体重(单位:kg)两个特征描述全班所有的同学,则每个同学的特征向量可写为

张同学=(1.52,48)　　王同学=(1.62,55)　　李同学=(1.46,45)

孙同学=(1.27,32)　　吴同学=(1.72,65)　　郑同学=(1.36,41)

……

例 2 用长、宽、高 3 个特征(单位:cm)描述下面 3 个盒子,则这些盒子的特征向量可写为

盒子 A=(3,3,3)　　盒子 B=(4,2,5)　　盒子 C=(2,4,2)

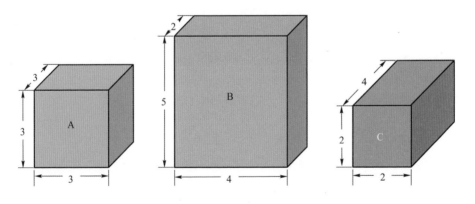

例 2 描述的 3 个盒子

推广到一般情况,若样本 X 有 n 个特征,则其特征向量表示为

$$X=(x_1,\ x_2,\ \cdots,x_n)$$

如果用 x 轴表示身高,y 轴表示体重,例 1 中每个同学的特征向量都代表一组二维平面坐标,对应着 x-y 平面中的一个点。无数个这样的样

本点就构成一个平面,称为**二维样本空间**,下图给出了例 1 中 6 个样本在二维样本空间的分布。

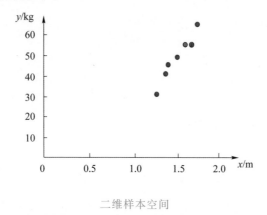

二维样本空间

如果用 x、y、z 轴分别表示长、宽、高,例 2 中每个盒子的特征向量都代表一组三维空间坐标,对应着 x-y-z 空间中的一个点。无数个这样的样本点就构成一个**三维样本空间**,例 2 中的 3 个样本在三维样本空间的分布如下图所示。

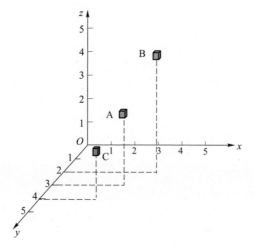

三维样本空间

以此类推,如果一个特征向量包括 n 个特征,则这个向量代表一组 n 维空间的坐标,对应着 n 维空间中的一个点。无数个这样的特征点就构成一个 n 维样本空间。不过,对于 $n>3$ 的抽象空间,我们就难以用生活经验去直观想象了。

5．知识与知识表示

人类通过观察、学习和思考客观世界的各种现象，能够获得并总结出各种知识，这些知识包括各领域、各行业的事实、概念、规则等。

人类在交流、分享、记录、处理和应用各种知识的过程中，发明了丰富的表达方法，如语言文字、图片、数学公式、物理定理、化学式等。但若利用计算机对知识进行处理，就需要寻找计算机易于处理的方法和技术，对知识进行形式化描述和表示，这类方法和技术称为知识表示。

记载的知识

知识表示研究可行的、有效的、通用的原则和方法，以使知识表示形式化，从而方便计算机对知识进行存储和处理。经过几十年的研究摸索，人们提出了很多种知识的形式化表示方法，如一阶谓词逻辑表示法、语义网络表示法、产生式规则表示法、特征向量表示法、框架表示法、与或图表示法、过程表示法、黑板结构表示法、Petri 网络表示法、神经网络表示法等。

6．模式识别

将图片、文字、声音、符号等具体事物的特征与已知特征进行匹配，从而确定该事物是什么，称为"模式识别"。模式识别最常见的任务之一是对样本进行分类和聚类。

（1）分类

已知各个类别的标准特征，如何判断一个待识别的样本属于哪个类别呢？一个自然而然会让人想到的办法是：将该样本的特征与所有类别的分类标准进行比较，看看它最符合哪个类别的标准，这个过程称为模式匹配。分类即通过模式匹配判断样本的类别归属。

分类的前提是必须给出明确的分类标准。有了分类标准，才能对样本进行模式匹配。例如，将全班同学"按身高分为 3 类"，分类标准为：身高低于 1.5 m 的为第一类；身高为 1.5～1.65 m 的为第二类；身高为

1.65 m 以上的为第三类。

身高分类

根据这个标准,例1中的李同学、孙同学和郑同学应分到第一类,张同学和王同学应分到第二类,而吴同学独自在第三类。

(2) 聚类

如果我们既不知道每个类别的分类标准,也没有已经标注过类别的样本数据,但有很多类别未知的样本。在这种情况下该如何进行分类呢?

任务:表1-2给出某学校30位初中男生的身高-体重数据,请将这些样本分为3类。

分析:此任务要求将表1-2中的30个样本分为3个类别,但没有给出每个类别的标准,而且这些样本也没有事先标注类别,因此无法从中提炼分类知识。

我们先将给出的30个样本标在下图所示的平面上。观察这些样本在样本空间中的分布,我们会发现,那些特征相似的样本在样本空间形成了"物以类聚"的团簇,处于同一个团簇的样本彼此相近,而处于不同团簇的样本彼此分离。这样的一个团簇就可以看作一个类别。按照样本间的相似性对待识别样本进行匹配,从而判断其类别归属,称为聚类。

表 1-2　初中男生身高-体重数据

样本号	身高/cm	体重/kg	样本号	身高/cm	体重/kg
1	130.0	38	16	152.5	50
2	130.5	36	17	153.0	51
3	131.0	35	18	153.5	53
4	131.5	33	19	154.0	49
5	132.0	36	20	154.5	52
6	132.5	38	21	170.0	65
7	133.0	32	22	170.5	62
8	133.5	34	23	171.0	64
9	134.0	37	24	171.5	70
10	134.5	35	25	172.0	66
11	150.0	48	26	172.5	71
12	150.5	49	27	173.0	68
13	151.0	46	28	173.5	72
14	151.5	52	29	174.0	69
15	152.0	48	30	174.5	63

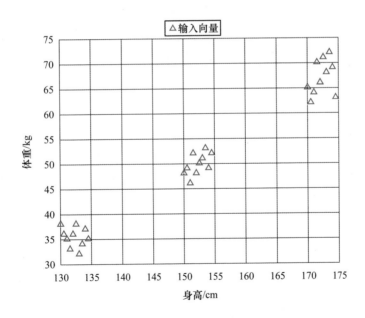

30 个样本在二维样本空间的分布

（三）人工智能的三大技术基础

进入现代信息社会后，人类有了计算机、通信技术和互联网等强大的现代信息技术和工具，极大地扩展了人类的信息收发能力，因此各行各业都积累了海量的信息，称为**大数据**。然而，虽然互联网能够快速提供大量远程信息，但是却不能对海量信息进行去粗取精、去伪存真的有效处理；虽然现代计算机能够高速处理大量数据，但是却难以对处理结果进行举一反三、融会贯通的综合利用。所以，在信息的处理和利用方面，传统信息技术还远远达不到人的能力。因此，必须研究并开发具有人类智能信息处理特点的**智能算法**，使其能够以类脑风格处理信息、提炼规律和调度知识，帮助人类分担大量信息处理的脑力劳动。同时，用智能算法处理大数据对计算机的计算能力——**算力**，提出了很高的要求。因此，大数据、智能算法和算力就成为驱动人工智能发展的三大技术基础。而数字经济是以大数据、智能算法、算力等要素为基础的一种新兴经济形态。

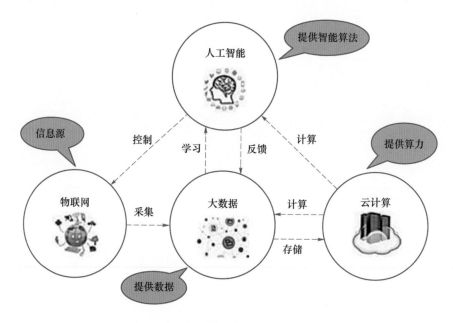

人工智能的三大技术基础

1．大　数　据

大数据是来源众多、类型多样、量大而复杂、具有潜在价值但难以在期望时间内处理并分析的数据集。数据量大到什么程度才能称为大数据呢？一种普遍让人接受的观点是，大数据是一种规模大到在获取、存储、管理、分析方面大大超出了传统数据库软件工具能力范围的数据集合，具有海量的数据规模、快速的数据流转、多样的数据类型和价值密度低四大特征。大数据是数字化时代的新型战略资源，是驱动创新的重要因素，正在改变着人类的生产和生活方式。

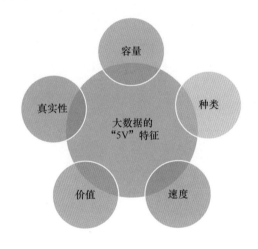

大数据的"5V"特征

（1）大数据的"5V"特征

容量（volume）：容量的大小决定了数据的价值和潜在的信息。一般来说，大数据的数据体量巨大，传统的数据处理工具难以对其进行处理，需要采用分布式和并行平台进行处理。

种类（variety）：大数据类型繁多，几乎涵盖社会生活的方方面面，如健康大数据、基因大数据、通信大数据、气象大数据、信用大数据、社交大数据等。从数据来源看，大数据有政府、企业、社会个人3个主要来源。政府关注充分发挥政务数据的时效性，进行决策判断和预测分析；企业希望利用具有商业价值的数据进行资本运作；社会个人则更加关注社会数据使用的便捷性、差异性。从数据体系看,我国的数据体系主要由基础信息数据和重要行业领域信息数据组成。其中,基础信息数据是指人口、自然资源、交通、经济、空间地理等相关基础数据,由政府各部门统筹管理使用;重要行业领域信息数据是指国土、农业、城乡建设、环境、医疗健康、社会保障、教育文化、旅游等不同行业的信息数据,由政府和企业分别管理使用。从数据结构看,既有以文本为主的结构化数据,又有越来越多的非结构化数据,例如来自社交网络和移动通信的网络日志、音频、视频、图片、地理位置信息等。多类型的数据对数据的处理能力提出了更高要求。

速度(velocity):大数据增长速度极快,因而对处理数据的响应速度有更严格的要求,即产生数据、采集数据和传输数据的速度要快,数据处理和分析的速度也要快,以保证数据的时效性。

价值(value):大数据的价值密度低而商业价值高,必须结合业务逻辑并通过强大的数据挖掘技术和智能算法来挖掘潜在的价值。

真实性(veracity):数据的准确性和可信度决定了数据的质量。数据中的偏差、噪声和异常可能会导致数据分析不准确,最终导致错误的决策。

(2)大数据的关键技术

大数据采集:大数据的来源极其广泛,总体上可分为三大类,即物理空间、信息空间和人类社会。物理空间的数据采集主要依靠专门的采集设备和采集程序;信息空间的数据采集常利用各类网络爬虫工具;而人类社会的数据则主要存储于各行各业构建的数据库中。

大数据预处理:由于大数据的来源具有多源、异构、广泛等特点,所以大数据的数据质量普遍较低,需要进行数据预处理。大数据预处理技术包括数据清洗、数据集成、数据归约和数据转换等阶段。数据清洗的目的是填充缺失值,平滑噪声,纠正数据中的不一致问题;数据集成的目的是识别不同数据源中表述的同一实体的数据,并解决单位、模式、精度不一致等数据冲突问题;数据规约的目的是通过减少维度或数据量以压缩数据规模;数据转换的目的是通过各种转换方法使数据变得一致,从而更易于用模型去处理。

大数据存储与管理:大数据存储与管理技术重点解决复杂结构化、半结构化和非结构化大数据的管理与处理。分布式存储与访问是大数据存储的关键技术。云数据库是部署和虚拟化在云计算环境中的数据库。云数据库所采用的数据模型可以是关系数据库所使用的关系模型,同一个公司可能提供采用不同数据模型的多种云数据库服务。

大数据分析:大数据分析应当从粗糙中寻求精确,需要从相关关系中把握因果关系并预测未来。数据挖掘是常用的大数据分析技术,能够从大量的、不完全的、有噪声的、模糊的、随机的数据中提取潜在有用的信息和知识。常见的数据挖掘任务有分类、聚类、预测模型发现、数据总结、关联规则发现、序列模式发现、依赖关系发现、异常和趋势发现等。

2. 智能算法

智能算法是开展大数据分析的数学工具,正广泛应用于各行各业。例如,智能围棋程序 AlphaGo 多次击败职业选手,展示了智能算法超强的学习能力;又如,将哈希函数置入区块链结构并由此诞生的数字货币,深刻地震动了金融市场。智能算法根据人为设定的规则或启发式的方式,通过对个体的学习探索群体的模式。智能算法大致可分为两类:①通过逻辑学习产生;②通过模拟人与生物的意识及行为产生。

下围棋的 AlphaGo

通常使用的智能算法包括统计分析、关联规则、聚类方法、深度学习、数学规划、模糊逻辑等。智能算法的数学思想因算法而异。以数学规划中的优化算法为例,其基本思想是给定二分类问题的数据集,其目标是减少"你中有我"与"我中有你"的数据,提高数据分类的精度。

本书后续章节将陆续介绍几种人工智能领域常见的智能算法。

3. 算力

算力是进行大数据储存分析的计算资源。面对海量的数据处理、复杂的知识推理,常规的单机计算模式已经不能支撑。因此,计算模式必须将巨大的计算任务分成小的单机可以承受的计算任务,同时要研究并行算法,开发相关软件,研发高性能计算机。

20世纪90年代以来,中国在高性能计算机的研制方面已经取得了较好的成绩,掌握了研制高性能计算机的一些关键技术,参与高性能计算机研制的单位已经从科研院所发展到企业界,有力地推动了高端计算的发展。中国的高性能计算环境已得到重大改善,总计算能力与发达国家的差距正逐步缩小。

随着曙光、神威、银河、联想、浪潮、同方等一批知名产品的出现,中国成为继美、日之后第三个具备高端计算机系统研制能力的国家,被誉为世界未来高性能计算市场的"第三股力量"。在国家相关部门的不断支持下,一批国产超级计算机相继面世,大量的高性能计算系统进入教育、科研、石油、金融等领域,尤其值得一提的是神威的神威·太湖之光和天河二号长期霸占全球 TOP 10 排行榜,而在全球 TOP 500 榜单中,中国独占 202 名,几乎包揽该榜单的半壁江山。

天河计算机(图片来自网络)

（四）人工智能发展的三大技术路径

长期以来，脑科学家和认知科学家想方设法地探索并揭示人脑智能的本质，人工智能科学家则顽强地探索如何构造出具有类脑智能的人工智能系统，用以模拟、延伸和扩展脑的智能，完成类似于人脑的工作。因此，"揭示大脑智能的奥秘"和"设计类脑智能系统"是脑与认知科学和人工智能追求的基本目标。"揭示大脑智能的奥秘"为"设计类脑智能系统"提供了模仿和借鉴的生物原型。因此，人工智能的理论、方法、技术的突破性进展和脑与认知科学的进展密切相关。

进入 20 世纪以来，人们已经认识到，对人类大脑思维能力的模拟具有巨大的意义。但是，由于大脑的高度复杂性，科学家们将人脑思维能力分解为若干子系统，以便进行深入的研究。那时人们认识到，人脑思维系统具有"结构—功能—行为"3 个维度，于是就先后从这 3 个维度进行了模拟研究。

1. 模拟大脑结构的连接主义研究路径

1943 年起步的人工神经网络对人脑生理结构进行模拟研究，从而诞生了第一条研究路径。这一研究路径从神经生理学和认知科学的研究成果出发，强调智能活动是由大量简单的单元通过复杂的相互连接后并行运行的结果。这一研究路径的研究群体在人工智能发展史上称为"连接主义"学派，其最精彩的成果是深度神经网络。

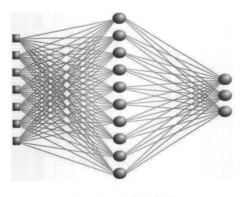

人工神经网络示意图

2. 模拟大脑功能的符号主义研究路径

由于人脑神经网络异常复杂,这一研究路径进展比较艰难。于是,人们便转向了对人脑功能进行模拟研究,这就促成了基于逻辑推理的第二条研究路径的问世——1956 年兴起的"物理符号系统"。这一研究路径学者在人工智能发展史上称为"符号主义"学派,其核心是研究如何用计算机易于处理的符号表示人脑中的知识,并模拟人的心智进行推理。符号主义的代表性成果是证明了 38 条数学定理的启发式程序"LT 逻辑理论家",以及各种面向特定专门领域的"专家系统",近年来该研究路径的方向已转向知识图谱。

3. 模拟感知-动作的行为主义研究路径

后来,功能模拟路径遇到了知识界定、知识获取、知识表示、知识演绎等诸方面的困难,称为"知识瓶颈"。于是,一些学者转向了对智能系统的行为进行模拟研究,这就是 1990 年问世的"感知-行动系统"的研究。行为模拟研究路径在人工智能发展史上称为"行为主义"学派,其最著名的成果首推布鲁克斯(Brooks)的六足行走机器人,近年来该研究路径的方向已转向智能机器人。

第二单元　身边的人工智能

　　随着科技的不断发展,我们使用越来越多的智能设备和应用来辅助我们的工作、学习和生活。在本单元中,我们将带领大家一起探究身边的智能应用,了解这些应用如何帮助我们实现便利、高效、舒适的生活,并深入体验人工智能技术给现代社会所带来的巨大影响。在我们探索身边智能应用的同时,让我们一起深入思考人工智能技术的本质和原理,看到其中的无限可能和未来发展的方向。

课题 1　智能身份认证

　　身份识别是人们社会活动的基础。当我们呱呱落地时,就开始拥有第一个身份证明——出生证;当我们入学时,需要用到身份证、户口本来证明身份;当我们乘坐火车、飞机时也需要身份证等。当我们徜徉在数字空间时,需要用到账号、密码登录邮箱、社交网络、游戏空间等。可见,身份的识别和认证在社会生活中非常重要。可供识别不同个体的符号多种多样,常见的口令、IC 卡、条纹码、磁卡或钥匙存在着丢失、遗忘、复制及被盗用等诸多不利因素。人体特征具有人体所固有的不可复制的唯一性,难以复制、失窃或被遗忘,用我们每个人独特的生物信息作为身份识别是否会解决以上问题呢?我们观察周围会发现,生活中越来越多的地方使用了新型的身份识别。我们手指一触手机屏幕即可打开手机;

当小区住户经过门禁时，"刷脸"认证就可进入，这些都是基于生物特征的身份识别系统。下面我们来看看身边常见的智能指纹识别和人脸识别的应用。

（一）手机指纹解锁

在使用智能手机的过程中，为了安全往往需要设置密码，其中设置指纹密码是常见的方式。下面我们体验手机设置指纹密码和采用指纹打开手机的过程，主要包括录入指纹、保存指纹和用指纹进行识别。

当我们拿起手机时，会发现它的屏幕上或背后有指纹采集区，这就是指纹识别的入口，可以在设置中注册指纹。在注册过程中，只需要将手指放在手机的指纹传感器上，传感器会扫描我们的指纹并将其转化为数字化的指纹模板。当我们想要解锁手机或者进行其他需要身份验证的操作时，只需将已注册的手指放在指纹传感器上。传感器会再次扫描我们的指纹，并将其与之前注册的指纹模板进行比对。在比对过程中，手机会使用算法来分析和匹配指纹图像的特征点，比如指纹纹路的形状、分叉和交叉等。如果扫描到的指纹与注册的指纹模板高度匹配，手机就会确认我们的身份，并解锁屏幕或者授权我们进行相应的操作。

手机指纹解锁

在手机上设置指纹时，其实就是让手机记录下用户的指纹信息。这个过程就像是手机在给用户做一张"身份证"，只不过这个身份证是用户的指纹。当用户以后想要解锁手机时，手机会让用户把手指放在指纹识别器上，然后通过比对指纹信息来确认用户身份。

指纹识别技术在手机上的应用，提供了一种方便、快速且安全的身份验证方式。它不仅可以用于解锁手机，还可以用于支付验证、应用程序访问控制等场景,为用户提供了更加便捷的使用体验。指纹识别技术是目前最方便、可靠、非侵害和价格便宜的生物识别技术解决方案之一,从广泛的意义上来说,指纹身份识别系统的应用领域几乎可以涵盖所有需要进行身份认证的系统和产品,其主要的应用领域如下。

① 考勤管理:企业和机构使用指纹识别设备来记录员工的上下班时间,以提高考勤的准确性和效率。

② 门禁控制:智能小区和办公楼使用指纹识别门禁系统来控制出入权限,以提高安全性和便利性。

③ 金融支付:银行和支付平台使用指纹识别技术来验证用户的身份,以提高交易的安全性和信任度。

④ 智能设备:智能手机、笔记本计算机、保险箱等设备使用指纹识别技术来解锁或者登录,以提高用户的体验感和加强隐私保护。

⑤ 司法刑侦:警方和法院使用指纹识别技术来采集和比对犯罪现场的指纹,以提高案件的侦破率和公正性。

⑥ 户籍管理:例如在户口本上加入户主和成员的指纹信息,或在身份证上嵌入了芯片,存储了持卡人的指纹信息,以提高安全性和防伪能力。

⑦ 社保管理:例如在社保卡上加入持卡人的指纹信息,以便于验证身份和享受社保待遇。还有指纹识别医保结算,即在医院或药店使用指纹识别设备进行医保结算,以提高结算的效率和准确性,以及防止欺诈和冒领等现象。

指纹识别为何能够广泛应用于身份识别呢?这是由于个体指纹的独特性:每个人的指纹特点不同,指纹基本不随年龄增长而变化。可以看出,纹线有起点、终点、结合点和分叉点,这些称为指纹的细节特征点。正是通过对这些特征点的分类,让

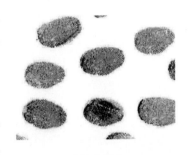

采集的指纹

机器能够像人一样实现指纹的智能识别,具体方式如下图所示。

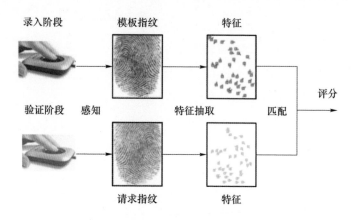

指纹识别技术流程

指纹识别技术一般包括两个阶段:录入阶段和验证阶段。

录入阶段:采集指纹,根据指纹特征建立指纹数据库(鉴于隐私保护,商业应用一般不存储指纹),这相当于建立了一个类别模板库。

验证阶段:将新指纹特征录入,根据特征进行分类(与数据库中的模板进行比较,划入最相似的模板类别中)。

在指纹识别过程中,最重要的就是特征的提取和特征的比对,这也是人工智能的核心方法(特征提取和模式识别),即从数据中自动识别出特定的模式或规律,通常涉及对数据进行分类、聚类、回归等操作。指纹图像中包含了一些特定的模式或特征,如纹线、分叉、环、空心等,这些特征可以用来区分不同的指纹。指纹识别系统的任务就是从指纹图像中提取这些特征,并将其与已知的指纹模板进行比较,以确定用户的身份。

(二) 智能人脸识别应用及AI探秘

人脸识别技术是一种利用人的面部特征信息判断他们的身份、性别、年龄、情绪等信息的人工智能技术,它可以让我们在很多场景中不用出示证件或者密码,就可以完成通行、支付、验证等操作,这样既方便又安全,例如常见的刷脸门禁和刷脸支付。

1.刷脸门禁

刷脸门禁是一种利用人脸识别技术进行门禁控制的系统,它可以让我们不使用钥匙、卡片或者密码,就可以进入家、办公室、学校等场所。如下图所示,在很多小区门口可以看到,住户们都使用"刷脸"的方式进出小区。例如某住户骑自行车至门禁前,仅停留了两秒,门禁便自动弹开。

刷脸进小区

(图片来源:www.hkwb.net/news/content/2019-10/20/content_3798822_0.htm)

刷脸门禁一般按如下方式操作:首先,让门禁的摄像头扫描用户的脸,录入用户的面部特征并将其存入系统;其次,当该用户要进入某个场所时,该用户对准门禁的摄像头,让它识别自己的脸;最后,系统进行判断,若为合法用户,并且有权限进入,门禁就会开锁,让用户进入,否则会拒绝开锁并发出警告或提示。

刷脸门禁这种智能的门禁控制方式,可以提高进出的安全性和便利性,不仅给业主带来了便利,同时还方便了物业管理。

2."刷脸支付"亮相超市和餐厅

目前,在一些超市、便利店或者餐厅,我们都可以看到刷脸支付服务,如右图所

刷脸购物

(图片来源:http://slide.news.sina.com.cn/slide_1_86058_289233_html)

示,左侧是刷脸支付机。消费者在支付宝 App 上开通刷脸支付功能后,即可在实体店使用具有人脸识别功能的自助收银机完成购物支付。

刷脸支付一般按如下方式操作:首先需要在手机上下载一个支持刷脸支付的应用,比如支付宝、微信、京东等,然后在应用里绑定银行卡,并开通刷脸支付的功能;其次在应用里进行人脸录入并保存;最后当我们消费时只需要在收银台的刷脸支付机器前面对准摄像头,让机器扫描我们的面部特征,并确认支付金额和密码,就可以完成支付,这个过程通常只需要几秒,非常快捷和方便。

人脸识别还在其他多个领域获得了广泛应用,例如:

① 安全与监控:在机场、火车站、地铁站等公共场所,助力安全检查,提高出行效率,确保公共安全。

② 社交媒体:如照片自动分类、人脸特效等,为用户提供丰富的互动体验。

③ 教育领域:如考勤管理、考场监控等,助力教育信息化发展。

④ 医疗领域:如患者身份识别、病历管理等,提高医疗服务质量。

⑤ 娱乐产业:如虚拟现实游戏、电影特效等,为用户带来沉浸式体验。

人脸识别背后的秘密是什么呢?我们可以轻松地辨认出自己的朋友和家人,计算机是用什么计算方法完成这个任务的呢?其实,人脸识别的原理就是让计算机像我们一样"看"人脸。首先,计算机会将人脸图像转化为数字信号,然后通过一系列算法来提取人脸的特征,比如眼睛、鼻子、嘴巴等。这些特征会被转化为数字码,形成一个"人脸特征向量"。接下来,计算机会将这个特征向量与已知的人脸特征向量进行比对,找到最相似的那个,就能够识别出这个人了。

目前获得广泛应用的智能人脸识别方法是基于深度学习的,相比传统方法其最大的优势是通过神经网络自动学习图像特征,不需要手工设计特征提取算法。需要注意的是,智能人脸识别技术还存在一些问题和挑战,例如光照、姿态、表情等因素的影响,以及隐私和安全等方面的考虑。因此,在实际应用中需要综合考虑各种因素,并采取相应的措施来保障用户的隐私和安全。

(三) 更多的智能生物识别方式

除了指纹、人脸之外，我们还可以利用人的其他生物特征进行识别。例如，利用人体固有的生理特性(如指纹、人脸、虹膜、掌纹、DNA 等)和行为特征(如声纹、按键行为、笔迹、步态等)，通过计算机与光学、声学、生物传感器和机器学习等技术，来进行个人身份的鉴定。智能生物识别属于人工智能的感知智能，作为人工智能的入口，通过身份认证，实现人工智能"识人"的第一步。目前智能生物识别技术已经得到广泛应用，主要应用于智能驾驶、智能安防、智能家居、智慧城市、智慧校园等场景。利用不同生物识别技术的特点和各自独特的优势，可以满足不同应用场景的需求。

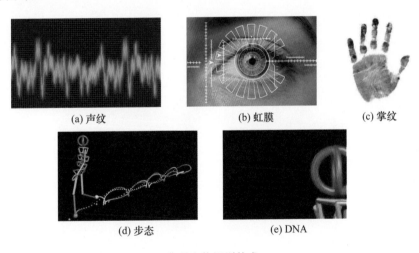

(a) 声纹　　　　　　　(b) 虹膜　　　　　　　(c) 掌纹

(d) 步态　　　　　　　(e) DNA

典型生物识别技术

课题 2　智能人机交互

同学们，你们或家人是否曾经因为与计算机、手机等设备的交互而感到烦恼和无奈？是不是有时候想要完成一项简单的任务，却被繁琐的操作步骤所困扰？人机交互的出现就是为了解决这个问题，让人类更加方便地使用计算机和其他智能设备，从各种便捷的应用软件到复杂的自动驾驶系统，人与机器之间的互动越来越频繁。我们可以在房间里通过说口令来开启智能家居设备，手指在触摸屏上划动便能轻松购买商品，可穿戴设备能通过语音指令、手势等方式实现人机交互。不同的交互方式具有自己的特点和应用范围，以满足不同人群的交互需求。其中，图形用户界面是常见的一种方式，它通过图形化的界面和鼠标、键盘等输入设备，让用户与计算机进行交互。语音识别则通过计算机识别人类语音，将其转化为计算机可以理解的指令，实现人机交互。手势识别则通过识别人类手势，实现人机交互。虚拟现实则通过计算机生成虚拟环境，让用户在其中进行交互。

下面介绍两个例子，一个是基于语音交互的导航系统，另一个是基于虚拟现实的人机交互。

（一）基于语音交互的导航系统

我们在日常生活中常常用到的手机语音助手（如 Siri、小爱同学等）以及各种智能音箱都是语音交互成功应用的例子。例如，用户可以使用语音指令向智能语音助手提出问题，如询问天气情况、寻找餐厅、发送短信或设置提醒等，智能语音助手会解析用户的语音指令，并提供相应的回答或执行相应的操作。

下面将介绍语音导航系统，例如车载导航系统或手机上的导航应用。语音指令取代了传统的手动输入或触摸操作，使用户能够更方便地控制和操作导航功能，无须分散注意力去操作设备或查看屏幕，从而提高驾驶的安全性。

假设你是一位旅行者，打开手机上的地图语音导航系统，输入想去的目的地，比如一家著名的博物馆，系统会立即规划最佳路线，并开始提供语音导航服务。

① 导航开始：系统会首先告诉你当前所在的位置，并提供前往目的地的最佳路线。它会给出向左转、向右转或直行等指示，以及到达下一个转弯的距离。

语音交互导航

② 实时路况信息：在导航过程中，系统会不断地更新路况信息。如果发生交通拥堵或事故，系统会提前告知，并重新规划路线，以避开拥堵区域。

③ 交通提示：系统还会提供交通提示，比如在哪个路口要注意红绿灯、行人过街等。

④ 导航建议：如果需要加油、找餐馆或停车等服务，系统可以根据这些需求提供导航建议。

⑤ 目的地到达：当接近目的地时，系统会提前通知，并说明目的地在哪个方向。一旦到达目的地附近，系统会指引你找到合适的停车位或入口。

 AI 揭秘：

地图智能语音导航系统的设计理念基于地理信息技术和人工智能技术，通过收集、处理和分析大量的地理数据，为用户提供准确、实时的导航服务。它可以通过语音交互的方式为驾驶员提供路径规划、语音导航和个性化推荐等服务。用户通过车载麦克风输入语音指令，前端感知系统会将该语音信息传输到语音识别和理解系统，该系统通过语音识别技术将语音信息转化为机器可读的指令，然后通过自然语言处理技术理解、解析和回复指令。接下来，导航算法系统将指令与路况信息、路线方案等相关参数结合，并返回最优化的路径和导航信息。最后，经过语音合成技术通过扬声器输出导航指令。

语音导航系统的背后涉及多种 AI 技术和方法,下面将分别介绍。

① **路径规划**是车载地图语音导航系统中最基本的功能之一,其主要目的是为驾驶员提供最优的行车路线。路径规划可以通过多种算法来实现,例如 A* 算法、Dijkstra 算法、遗传算法等。比如,A* 算法可以通过估算每个节点到目标节点的距离来确定下一步的行动方向,从而实现最优路径的搜索。

② **语音交互**是车载地图语音导航系统中另一个重要的功能,它可以通过语音识别和语音合成技术来实现。语音识别技术可以将驾驶员的语音指令转化为计算机可以理解的文本信息,从而实现语音交互的功能。而语音合成技术则可以将计算机生成的文本信息转化为自然语言的语音输出,从而实现语音导航的功能。这些技术的实现需要依赖于大量的语音数据和机器学习算法,例如深度学习、循环神经网络等。

③ **个性化推荐**是车载地图语音导航系统中最具有挑战性的功能之一,它可以通过分析驾驶员的行车习惯、历史行车记录、实时路况等信息来为其提供个性化的路线推荐。这需要借助于机器学习和数据挖掘等技术来实现。例如,可以通过聚类算法来将驾驶员的行车记录分为不同的类别,从而为其提供相应的路线推荐;同时,还可以通过监督学习和强化学习等技术来优化推荐算法,从而提高推荐的准确性和效率。

(二) 基于虚拟现实的人机交互

基于虚拟现实(Virtual Reality,VR)的人机交互方式,可以将用户带入一个虚拟的环境中,使其通过身体动作、手势、语音等方式与计算机进行交互,让用户更加自然地与计算机进行沟通,提高用户的参与感和体验感。它可以应用于很多领域,比如游戏、教育、医疗、建筑等。在游戏中,玩家可以通过身体动作来控制游戏角色的行动,与游戏中的角色进行互动,感受到更加真实的游戏场景和情境。在教育中,学生可以通过虚拟现实技术来模拟实验操作,提高学习效果。在医疗中,医生可以通过虚拟现实技术来进行手术模拟,提高手术的精准度和安全性。在建筑领域,建筑师可以身临其境地进入建筑场景中,观察建筑物的各个细节,进行更加精准的设计和调整。

下面介绍 Surgical Theater 开发的一种基于虚拟现实技术的手术室模拟系统 SNAP,它旨在帮助外科医生更好地理解患者的病情和手术过程,提高手术的准确性和安全性。SNAP 系统由两个主要组件组成:一是高分辨率的 3D 影像系统,可以将患者的 CT 和 MRI 扫描结果转换成高度精细的 3D 模型;二是虚拟现实头戴式显示器,外科医生通过它可以进入一个完全沉浸式的虚拟手术室,模拟手术过程并进行实时操作。在使用 SNAP 系统时,外科医生可以通过手柄和手势控制虚拟手术室中的工具,例如刀片、钳子和缝合针。也可以在虚拟环境中进行手术模拟,包括切开皮肤、切除组织、缝合伤口等操作,以便更好地了解手术过程和患者的病情。目前,SNAP 系统已经在多家医院得到了应用,进行了多种手术,包括脑部手术、心脏手术、骨科手术等。据悉,使用 SNAP 系统进行手术的医生在手术中的准确性和效率都得到了显著提高。

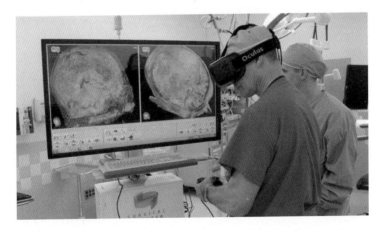

SNAP 系统

(图片来源:https://wccftech.com/exfighter-pilots-create-virtual-reality-machine-brains-snap/)

AI 揭秘：

　　SNAP 系统将医学影像（如 MRI 和 CT 扫描）转化为 3D 模型，让医生能够在虚拟环境中探索患者的解剖结构，这一过程使用了多种与图像识别和处理有关的 AI 技术，例如深度学习和计算机视觉技术，对医学影像进行识别和处理，将二维的医学影像转化为三维模型。这种技术可以精确地识别出人体的各种组织和器官，为手术提供精确的导航。

　　人机交互的未来将呈现智能化、自然化、个性化、无障碍和社交化的发展趋势。随着人工智能技术的不断发展，机器将能够更加智能地理解用户需求，预测用户行为，提供更加精准的服务。

课题 3　智能机器翻译

　　无论我们生活在或旅行到世界的哪里，沟通都是人际关系中不可或缺的重要组成部分。作为沟通的桥梁，智能翻译机器发挥着越来越重要的作用，它可以将一种语言转化为另一种语言，从而破除了语言壁障，使得跨文化交流更加顺畅、自然。目前，智能翻译已经进入了规模化应用的阶段，例如百度已将翻译语种从原来的 20 多种扩展到 200 多种语言互译，每日翻译超过千亿字符，支持超过 30 万家第三方应用。下图显示了百度翻译的产品矩阵，包含文本翻译、机器翻译同传、领域翻译、视频翻译等。

Ⓣ 文本翻译	◉ 机器翻译同传	◉ 领域翻译	▷ 视频翻译
提供世界领先的翻译能力，支持全球200多种热门语言、近4万个翻译方向，满足跨语言交流的需求。	百度自研业内首个基于语义单元的语音到语音同传系统，打造语音翻译一体化的智能会议解决方案。	开放生物医药、电子科技、水利机械等多个垂直领域翻译引擎，翻译结果更加符合该领域特点。	提供一站式AI+人工视频字幕翻译解决方案，满足多语种视听译需求。
☺ 口语评测	▤ 文档翻译	◎ 拍照翻译	AR AR拍照翻译
儿童到成人全年龄段覆盖，单词/句子/段落等多种模式，发音准确度/完整度/流利度等全维度打分机制。	支持多种格式文档，一键上传全篇翻译，高度保留样式和排版，双语对照查看，提升文档翻译效率。	集成百度先进的图像识别和翻译技术，支持17种语言，快速满足学习、旅游等场景的拍照及图片翻译需求。	集成百度先进的AR和翻译技术，摄像头对准即可实时翻译，翻译结果AR实景展现，更高效、更自然。
[♀] 语音翻译	▤ 网页翻译	[⛰] 图片翻译	⊗ 人工翻译
集成百度先进的语音和翻译技术，满足旅游、社交等多场景的跨语言语音交流需求。	一键翻译网页，支持划词翻译，方便浏览外文网站，海淘必备神器。	粘贴图片到输入框，即可快速识别图片中的文本内容，进行翻译。	携手外文局中外翻译，提供权威、便捷的人工翻译服务。

百度翻译的产品矩阵

（一）小说文本翻译

首先，我们来体验文本翻译。文本翻译可以输入文本，直接看到翻译结果，例如在刘慈欣的小说《三体》中有这样一段话：

"外星文明探索是一个很特殊的学科，它对研究者的人生观影响很大。"叶文洁用种悠长的声调说，像是在给孩子讲故事，"夜深人静的时候，从耳机中听着来自宇宙没有生命的噪声，这噪声隐隐约约的，好像比那些星星还永恒；有时又觉得那声音像大兴安岭的冬天里没完没了的寒风，让我感到很冷啊，那种孤独真是没法形容。"

下面是百度给出的翻译效果：

"The exploration of extraterrestrial civilization is a very special discipline that has a great impact on the researchers' outlook on life." Ye Wenjie said in a long tone，as if telling a story to a child，"In the dead of night，I listened to the lifeless noise from the universe through my earphones. The noise was indistinct，as if it was more eternal than those stars. Sometimes I felt that the sound was like the endless cold wind in the winter of Greater Khingan，which made me feel very cold. The loneliness was indescribable. "

而《三体》译者华裔科幻作家刘宇昆（Ken Liu）的译作是这样：

"The search for extraterrestrial intelligence is a unique discipline. It has a profound influence on the researcher's perspective on life." Ye spoke in a drawn-out voice，as though telling stories to a child. **"In the dead of night**，I could hear in my headphones the lifeless noise of the universe. The noise was **faint but constant**，more eternal than the stars. Sometimes I thought it sounded like the endless winter winds of the Greater Khingan Mountains. I felt so cold then，and the loneliness was indescribable. "

机器翻译结果

总体来说，机器翻译给出了不错的翻译结果。在一些细节上，我们可以对比："in the dead of night"是一个固定搭配，意思是"in the middle of the night，during the darkest and quietest time"，用来形容"夜深人静"非常准确。对这一句的翻译，人类译者的翻译和机器翻译一致。

对于"这噪声隐隐约约的，好像比那些星星还永恒"，人类译者翻译为"The noise was faint but constant，more eternal than the stars"，其中，"faint but constant"很好地写出了噪声那种微小但绵延不绝的状态，句子也有诗歌的韵味。而机器将这一句翻译为"The noise was indistinct，as if it was more eternal than those stars"，语句也非常通顺，只是在意境上稍有逊色。

（二）古诗翻译

再来看一看机器翻译在古诗翻译中的表现，例如李白的诗句："举杯邀明月，对影成三人。"

著名翻译家许渊冲的翻译：

I raise my cup to invite the Moon who blends.

Her light with my Shadow and we're three friends.

该翻译不仅表现出了原诗的意思，并且非常押韵，相得益彰。

下面是几个不同机器翻译的结果：

- Raise a glass and invite the bright moon to form three pairs of shadows.
- Toast to Ming Yue and pair up the three of them.
- Toast to invite the moon, to the shadow into three.

机器在翻译古诗上，可能由于古诗和现代文有一定差异，语料也相对较少，所以翻译效果就比较一般。

（三）其他翻译

除了文本翻译，文档翻译也非常方便，用户可以上传 PPT、PDF、Word 等文档，保留文档中的表格、公式、图片、文字大小、颜色等格式信息，将文本翻译出来并下载，可大大提高工作效率，可以帮助我们快速了解一些晦涩难懂的科技类、医学类英文论文的大意。对于不方便进行文本输入的情况，还可以采用多模态方式进行输入，例如拍照（将商品说明书、外文图书与报纸进行拍照）、语音（将语音和翻译相结合的翻译机）等方式。而对实时性要求比较高的同声传译，市场需求量也非常大，目前已有相关小程序。开会的时候，可以用手机扫描二维码加入会议，戴上耳机就像一位同声传译员在你身边提供翻译，非常方便。另外，在观看一些电视剧、电影时,遇到语言不通的情况,一些同传插件可以把一种语言实时翻译为另一种语言,以字幕的形式在视频下方输出。

（四）智能翻译 AI 揭秘

下面我们通过了解智能翻译的历史和技术发展过程,来探索智能机器翻译背后的 AI 原理。

1954 年,乔治敦大学和 IBM 成功研发出了世界上第一个机器翻译系统,最初采用的是 IBM 701 机,包含 6 条规则和 250 个词。当时,人们对机器翻译颇为乐观,认为这个领域前景广阔。然而随着时间的推移,机器翻译的表现却远远不能达到人们的期望,这点在 1966 年美国语言自动处理咨询委员会（ALPAC）的调查报告中得以体现,机器翻译也随之陷入停滞期。进入 20 世纪 70 年代以后,乔姆斯基语言学理论被广泛研究和接受,以及在科技和硬件飞速进步的推动下,人们重新点亮了对机器翻译的希望,机器翻译也逐渐实现了突破。进入 20 世纪 90 年代初期,IBM 学者撰写了两篇具有里程碑意义的文章,提出了统计机器翻译模型,将机器翻译研究引入了一个新的阶段。2006 年,Google 发布了首个互联网翻译系统。统计机器翻译在 20 多年的应用中,被证明是一种有效的翻译方式,2014 年,神经网络翻译模型推陈出新,进一步推进了机器翻译的发展。2015 年 5 月百度发布了全球首个互联网神经网络翻译系统,2016 年 9 月 Google 也发布了神经网络翻译系统。此后,集数十亿双语句于一身的神经网络翻译系统成为国内外互联网巨头主系统的重要组成部分,并推动了世界跨文化交流和发展。

在这一发展过程中,机器翻译经过了几个重要阶段,从最初的基于规则阶段、统计学习阶段,发展到目前的深度学习阶段,即采用神经机器翻译（Neural Machine Translation,NMT）方法。NMT 方法主要是通过设计一个深度神经网络模型来学习源语言和目标语言之间的映射,将源语言文本和目标语言文本同时视为模型的输入,在一个模型中直接完成输入到输出的转换,这样可以防止过多的转换和信息丢失。其核心是利用深度学习算法,通过大量的语料库训练,从而学习源语言到目标语言的映射关系。

我们在使用中也会发现,当前机器翻译并不完美,仍然面临很多挑战。一是融合知识非常困难,这里的知识包括常识、世界知识、文化背景知识等。二是数据稀疏,机器翻译系统依赖于大量的训练数据。目前全球有超过 5 000 种语言,其中英语、汉语、西班牙语、阿拉伯语、葡萄牙语、印尼/马来语、法语、日语、俄语、德语这 10 种常用语言数据量在互联网上占约 77%,剩下的其他语言加起来的数据量只有 23%左右,因此数据稀疏的问题特别严峻。另外,要想追求译文的信、达、雅,机器翻译还有很长的路要走。

课题 4　机 器 玩 家

在虚拟的电子世界中战斗激烈、竞技激荡,机器是否能够超越人类成为游戏领域的强者? 在游戏中,我们通常需要做出各种各样的决策,运用智慧来通关卡和打败敌人,那么机器是否具备了如此高超的智能和技巧呢? AI 在游戏中的应用已经有相当长的历史,从早期的电子游戏到现在的复杂多人在线游戏,AI 的发展和应用都在不断进步。

游戏 AI 的发展历史可以追溯到 20 世纪 50 年代,当时的计算机科学家开始研究如何让计算机能够玩棋类游戏。最早的尝试是在 1951 年,美国的计算机科学家克里斯托弗·斯特雷奇(Christopher Strachey)编写了一个能够玩 Nim 游戏(一种古老的策略游戏)的程序。此后,人们开始研究如何让计算机能够玩更复杂的棋类游戏,如国际象棋、围棋等。

在 20 世纪 80 年代,随着计算机技术的不断发展,游戏 AI 开始出现在商业游戏中。最早的商业游戏 AI 是在 1983 年的《太空侵略者》中出现的,这个游戏 AI 能够根据玩家的行为来调整游戏难度。

近年来,随着深度学习等人工智能技术的发展,游戏 AI 的表现又有了新的突破。例如,OpenAI 的 OpenAI Five 在多人在线战术游戏 Dota 2 中表现出色,能与人类玩家进行高水平的对抗,这是 AI 在复杂策略游戏中的又一重要里程碑。在其他策略游戏如《星际争霸》《文明》中,AI 可以通过深度学习,模拟真实玩家的策略和决策,为玩家提供强大的对手。在角色扮演游戏(RPG)如《上古卷轴》中,AI 可以更好地理解游戏世界,使得 NPC(非玩家角色)的行为更加真实和自然;在竞速游戏如《极品飞车》中,AI 可以学习并适应玩家的驾驶风格;在体育游戏如《FIFA》《NBA 2K》等中,AI 可以学习并模仿真实球员的技巧和策略;在射击游戏如《使命召唤》中,AI 可以学习并适应玩家的战术和技巧,据此控制敌方士兵的行为;在文字冒险游戏如 AI Dungeon 等中,AI 使用深度学习模型生成对话和对游戏世界进行推理。

游戏 AI 的发展历史可以看作计算机技术和人工智能技术不断进步的历史,同时也是人类对人工智能认知不断深入的历史。下面将具体介绍两款游戏中 AI 的应用情况。

(一)《星际争霸 2》中的 AI

从游戏设计、角色行为、关卡生成到玩家体验优化等方面,AI 在游戏中的应用非常广泛。其中,《星际争霸 2》(StarCraft II)充分展示了 AI 在实时策略游戏中的应用。《星际争霸 2》的游戏背景设定在未来的宇宙中,玩家可以选择扮演 3 个不同种族(人类、神族和虫族),通过建造基地、采集资源、研发科技、训练军队等方式,与其他玩家进行战斗和竞争。

目前,《星际争霸 2》中的 AI 主要有以下功能。

① 游戏 AI:游戏 AI 是《星际争霸 2》中的一个核心组件,负责控制非玩家角色的行为。通过分析玩家的行为和游戏状态,制定相应的策略和

战术来与玩家对抗,包括资源管理、单位生产、科技研究、侦查和战斗等。

② 深度学习 AI:DeepMind 的 AlphaStar 是一个基于深度学习的《星际争霸2》AI,它通过大量的训练和自我对弈,学会了高水平的游戏策略。AlphaStar 在 2019 年与人类顶级选手进行了一系列对战,取得了令人瞩目的成绩。

③ AI 助手:《星际争霸2》中还有一些 AI 助手,如 SC2ReplayStats 和 SC2AI,可以帮助玩家分析战局、提供战术建议和训练计划,从而提高玩家的游戏水平。

《星际争霸2》中 AI 的工作原理。

① 决策树和算法:AI 使用决策树和算法来在游戏中做出决策。这些决策涵盖了建造单位、发展经济、攻击敌人、防御等方面。决策树是一个树状结构,每个节点表示一个可能的决策,通过评估当前游戏状态和目标来选择最佳的决策路径。

② 状态评估和规划:AI 需要对游戏中的状态进行评估,以判断当前的优势和劣势。AI 会考虑自己的资源、经济状况、敌人的位置、技术状况等因素,从而做出合理的决策。规划涉及制定长期和短期的战略目标,并根据当前状态来调整这些目标。例如,有些 AI 采用蒙特卡洛树搜索(MCTS)算法,通过模拟游戏过程来评估每个可能的行动,从而更好地评估战术和策略,做出更明智的决策。

③ 神经网络和机器学习:通过训练大量的游戏数据,机器学习模型可以学会复杂的策略和行为。AlphaStar 使用了深度强化学习(deep reinforcement learning)技术,通过自我对弈和监督学习来训练。

除了《星际争霸2》之外,在国内的游戏中也有很多 AI 应用。比如:《王者荣耀》中的 AI 系统,主要用于控制计算机玩家的英雄,以及提供游戏推荐系统;《和平精英》中的 AI 系统则主要用于控制计算机玩家的行为,以及提供游戏推荐系统。

（二）文本冒险游戏中的 AI

文本冒险游戏也被称为交互式小说，是一种玩家通过输入文本命令来与游戏世界进行交互的游戏。在文本冒险游戏中，玩家将扮演一个角色，通过阅读描述和选择不同的行动来推动故事的发展。玩家可能会遇到各种挑战和谜题，需要运用逻辑思维和判断力来解决问题。有时候，玩家的选择会影响故事的走向和结局，让玩家感受到自己决策的重要性。

在这类游戏中，AI 的应用主要集中在游戏的故事生成、角色行为控制和玩家输入理解等方面。

AI 文本冒险游戏

① 故事生成：AI 可以用于自动生成或动态生成游戏故事，使得每次游戏的经历都是独一无二的。例如，*AI Dungeon* 是一款使用 OpenAI 的 GPT-3 模型来生成游戏故事的文本冒险游戏。

② 角色行为控制：AI 可以用于控制游戏中非玩家角色的行为，使得他们的行为更具有可信度和复杂性。例如，使用 AI 算法来模拟 NPC 的情绪和社会关系，使得他们的行为可以根据游戏的情境和玩家的行为进行动态调整。

③ 玩家输入理解：AI 可以用于理解并解析玩家的文本输入，使得游戏可以接收更自然和复杂的命令。例如，使用自然语言处理（NLP）技术

来理解玩家的输入,使得玩家可以使用自然语言来与游戏世界进行交互。

AI 在文本冒险游戏中的应用使得这类游戏更具有沉浸感和可玩性,同时也推动了 AI 在游戏领域的发展和应用。

课题 5　智能医疗助手

能"听声认字"与患者交流,能"读图"识别医学检查影像,甚至像医生一样"思考"给出治疗建议,人工智能医疗正从前沿技术转变为现实应用。

(一) 智能陪诊助手

据统计,2022 年 1—3 月,全国医疗卫生机构总诊疗人次为 15.9 亿,同比增长 6.0%。面对与日俱增的就诊需求,推动医疗机构数字化转型,实现多场景的数字化应用,成为便民的重要举措。患者在就医过程中,往往会遇到以下问题:应该挂哪个科室的号不太清楚,在规模较大的医院找到相应科室、检查室、药房等费时费力。如何提高就医服务的质量,改善患者的就医体验就成为人工智能助力医疗服务的目标之一。目前,很多医院引入了人工智能技术和相关功能,在与患者交互的过程中实现诊前分析、预分诊以及科室实景导航,提升患者服务体验,并缩短患者在院的停留时间。

例如,上海交通大学医学院附属新华医院引入智能陪诊功能,帮助患者完成辅助预检分诊和楼宇内的可视化实景导航。

① 辅助预检分诊:患者通过进入"上海新华医院"微信公众号"门诊住院"版块,点击进入"智慧云客服",通过文字、语音等方法描述症状,并输入个人基本信息后,即可获得系统推送的相关科室、专病、专家的线上挂号链接。

智能就医助手

 AI 揭秘：

　　该医院智能分诊功能的实现包括两个主要部分，一是人机交互部分，二是分诊建议部分。人机交互部分通过人工智能的分支——自然语言处理技术对文字或语音进行处理。分诊建议部分则主要应用了人工智能中的机器学习技术，通过学习患者就诊数据以及预检护士们的经验构建症状与诊室之间的关联模型。具体而言，这个机器大脑模型通过学习上海新华医院过去3年门诊患者的就诊数据（症状以及就诊科室），找到症状和诊室之间的联系，以及训练出合适的模型，并通过"请教"预检护士们，进行了一定的修正，强化了部分患者的常见疾病及问题，可给出智能预检分诊的建议。目前阶段的分诊建议主要作为一种参考，患者们可以将智能问诊与现场预检结合起来使用。随着数据的不断累积和模型的训练可以进一步提高分诊的准确性。

② 可视化实景导航：上海新华医院率先在儿科综合楼试点。患者到达医院后，"智能就医导航"可以全程推送院内 AR 导航服务，通过贴地导航箭头与实景结合的直观形式，快速引导患者前往相应地点。

智能就医导航

（部分图片来源：澎湃新闻，由上海新华医院提供）

AI 揭秘：

　　实景导航的实现源于 AI 技术与多项其他技术的融合使用。由于定位主要是在室内，常用的卫星信号衰减严重，而蓝牙、Wi-Fi 信号定位则成本较高，因此采用增强现实的方式，将虚拟信息与真实世界巧妙融合，重建医院实景的三维网格模型，即通过单目/多目/全景相机、惯性测量单元、GPS 等多源数据的采集方案和多源数据融合建图算法，实现了高效稳定的地图数据采集、重建和更新。有了地图数据之后，用户如何通过终端将导航指示箭头等虚拟内容无缝融合在现实场景中？关键是通过视觉重定位，即以用户拍摄图像为输入，将图像中的特征与地图数据中的特征进行匹配,获取图像特征点和地图三维点的 2D-3D 对应关系,并计算图像相机位姿,利用 SLAM(Simultaneous Localization and Mapping,即时定位与地图构建)技术,实现同步定位。其中比较典型的功能,例如特征匹配、基于视觉位置识别的重定位都可以采用深度学习来完成,比如利用 CNN(卷积神经网络)对图像进行编码并构建一个图像数据库,包括目标场景的图像特征及其对应真实世界的位姿。对于给定的检索图像,首先在数据库中检索最相似的图像,然后对相对位姿变换进行预测。

(二) 辅助诊断

在现代医疗过程中,为了加大对疾病的筛查和明确诊断,往往需要借助于医疗影像系统,例如 B 超、X 光片、CT、核磁共振等。有些检查的数据量非常大,耗时较多,例如,一个患者的肺部 CT 约有 200 多张影像,医生凭借自己多年积累的临床经验对其进行读片诊断,需要 10~30 min 才能看完;而且人工阅片,看的时间长了以后会非常疲倦。如何提高医生工作效率,减少医生工作量就成为需要解决的问题。AI 能否帮助医生读片并标记出可疑病灶呢?

目前,多家医院将人工智能技术引入,以帮助医生更好地完成影像诊断的工作。例如,由复旦大学附属中山医院牵头打造的"融合 5G 的医联体影像协同创新平台",入选了国家卫健委"5G＋医疗健康应用试点"项目。AI 医生可实现"秒速读片":吸气不足、非医源性异物、曝光不良……针对技术员拍摄的 X 光片,AI 实时督查,立即发现问题并加以纠正。目前,该平台已高质量标注数据集 10 万例,AI 实时质控 17 万例,AI 辅助诊断 22 万例。诊断灵敏度提升了 15%,阅片效率提升了 30%。

　　上海市瑞金康复医院引进的肺结节智能筛查 AI 系统只需要几秒的时间就可以完成医生数分钟的阅片工作,并且比人眼识别更有优势,能够瞬间定位 1～3 mm 的病灶。它还会标出结节大小、位置、密度,并初步分辨良恶性,自动生成结构化影像报告供医生审查。在高度人工智能的帮助下,这些信息的获得对临床医生进一步的诊断和诊疗有重大的帮助,同时在今后的随访观察中也能做到精确对照。据介绍,肺结节智能筛查 AI 系统不仅极大地减少了肺结节漏诊,还提高了医生的工作效率。加之这个系统对于结节具有极高的识别能力,它将识别的结果展现给初诊医生,让初诊医生进行印证,再由上级医生审核,相当于给病人的诊断结果又多加了一道保险,达到了"医生＋AI＞AI"的效果。相信在肺结节智能筛查 AI 系统的帮助下,影像科医生可以精准地筛查出肺结节,做到"早发现,早诊断,早治疗",为患者争取宝贵的治疗时间。人们经常说:"人会疲惫,但机器不会。"对于影像科医生而言,大量地读片会造成视觉上的疲劳,一旦视觉产生疲劳就容易造成影像诊断的漏诊、误诊。而人工智能不受状态、环境等影响,可协助诊断医生在几秒内快速发现可疑病灶,大大减少视觉上的疲劳,提高诊断效率与精度,减少误诊及漏诊的发生概率。

肺结节智能筛查 AI 系统

(图片来源:https://sghexport.shobserver.com/html/baijiahao/2022/01/26/644544.htm)

由中山大学眼科中心牵头研制的人工智能眼科专家 CARE 经过广泛深度"学习",能够一次精准筛查 14 种眼病,总体准确率达 95％。该项目团队通过使用来源于三级医院、社区医院和健康服务机构等具有不同疾病特征人群的医疗机构超过 26 万张多种场景和设备的眼底彩照,训练出了可以识别 14 种常见眼底异常的眼底疾病综合性智能诊断专家——CARE。专家认为,未来医学人工智能可以作为诊断助手,帮助医生完成 80％ 的基础工作,而医生可以专注于 20％ 的疑难杂症或者技术优化,提升其工作价值。

 AI 揭秘：

医学影像 AI 辅助诊断的共同特点都是采用了机器学习特别是深度学习的方式,通过大量标注过的样本(已标注过是否有病灶的影像)进行模型训练,从而建立影像(输入)与诊断结果(输出)之间的关联关系,当新的样本病例影像输入时,就可以进行预测。

人工智能在医疗领域有着丰富多彩的应用,例如：使用上述智能诊疗工具,根据患者症状,结合大量医疗数据帮助医生完善诊疗方案;智能化影像识别则可以辅助医生进行癌症诊断;利用机器人辅助医生完成手术,可以提高手术的精度和成功概率;等等。

课题 6 智能机器人

在现代科技迅速发展的今天,机器人在我们的日常生活中扮演着越来越重要的角色,它们不仅为我们带来了便利和乐趣,还成了我们生活中不可或缺的一部分。

在家庭中,家政机器人已经成了许多家庭的得力助手。它们能够完成各种家务,如清洁、洗衣、烹饪等。家政机器人的出现让家庭成员能够更多地享受到休闲和娱乐的时光,同时也减轻了家庭成员的负担。

在工作场所,机器人的运用也变得越来越普遍。自动化机器人在生产线上完成重复性的工作,提高了生产效率和质量。智能机器人在办公室中扮演着秘书、助理的角色,能够帮助人们处理日常事务,提高工作效率。这些机器人的出现使得工作变得更加高效。

此外,机器人还在医疗领域发挥着重要作用。手术机器人能够进行精确的手术操作,减少了手术风险和患者恢复时间。护理机器人能够为病人提供基本的护理服务,如测量体温、监测生命体征等。这些机器人的应用使得医疗资源得到了更好的利用,提高了医疗服务的质量和效率。

除了家庭、工作和医疗领域,机器人还在娱乐和休闲方面给我们带来了乐趣。智能助手机器人能够陪伴我们进行对话、播放音乐、讲故事等。娱乐机器人能够模仿人类的动作和表情,给我们带来欢乐。这些机器人成了我们生活中的伙伴,为我们带来了乐趣和陪伴。

(一) 扫地机器人

你是否厌倦了每天都要花费大量时间来清扫地板?扫地机器人作为一种智能机器人,可以帮助我们自动清扫地板,让我们的生活变得更加轻松和便利。

扫地机器人通常配备了先进的传感器和导航技术,能够自主地在房间中移动,识别并避开障碍物。一些高级的扫地机器人还具有激光导航系统,可以绘制出房间的地图,并根据地图规划最优的清扫路径。

扫地机器人

使用扫地机器人的过程是怎样的呢?首先,将机器人放置在想清扫的房间中,并确保地板上没有太多的杂物。然后,可以通过按下机器人上的启动按钮或使用手机应用程序来启动它。一旦启动,机器人会开始自动清扫地板。在清扫过程中,扫地机器人会利用其传感器和导航技术,沿着房间的边缘和障碍物周围移动,确保彻底清洁每个角落。它会自动调整清扫模式,根据地板的类型和污垢程度适当地选择清扫力度和时间。一些机器人还具有智能识别功能,可以自动识别地板上的障碍物,并绕过它们,以避免碰撞和损坏。当机器人完成清扫任务或电池即将耗尽时,它会自动返回到充电座,并开始充电。一些高级的扫地机器人甚至可以记住房间的地图,并在下次清扫时按照地图规划清扫路径,提高清扫效率。

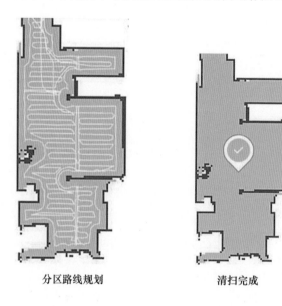

分区路线规划　　　　　　清扫完成

 AI 揭秘:

　　扫地机器人背后的智能技术和方法是什么?这些机器人使用了一系列先进的技术,包括传感器技术、导航算法和机器学习。传感器技术使机器人能够感知周围环境,包括障碍物和地板类型。导航算法则帮助机器人规划最优的清扫路径,并避开障碍物。机器学习则使机器人能够通过不断的学习和优化,增强清扫效果和适应不同的地板和环境。

（二）智能炒菜机器人

在快节奏的生活中，智能炒菜机器人的出现帮助我们省去了繁琐的炒菜过程，节省时间和精力，同时还能保证菜品的口感和营养。智能炒菜机器人通常可以自动控温和调节火力，模拟真实的明火炒菜效果，保证食材的口感和营养；能够自动翻炒和搅拌，防止粘锅和焦煳，减少油烟和用油量，环保健康；具有智能交互和远程控制功能，可以通过触摸屏或手机 App 与用户沟通，提供多种烹饪模式和菜谱供用户选择。

以下是炒菜机器人一般的工作方式。

① 材料准备：用户需要将食材准备好，例如洗净、切片等。有些炒菜机器人可能配备了智能辨识功能，可以通过计算机视觉技术识别食材并做出相应处理。

② 选择菜谱：用户可以通过界面或手机应用选择所需的菜谱。炒菜机器人通常预装了多种菜式，用户可以根据自己的喜好进行选择。

③ 烹饪过程：一旦用户选择了菜谱，炒菜机器人会根据该菜谱的步骤进行烹饪。它会启动机械臂，将锅中的食材放入炒锅，并根据预设的时间、温度和炒菜动作进行烹饪。

④ 传感器监控：炒菜机器人配备了各种传感器，用于监控烹饪过程中的温度、湿度和食材状态等信息。这些传感器帮助机器人调整烹饪参数，确保食物煮熟且不会煳锅。

⑤ 智能控制：炒菜机器人内置了人工智能算法，能够通过学习和优化，不断改进烹饪技巧，以适应用户的口味偏好。

⑥ 完成与服务：炒菜过程完成后，炒菜机器人会停止加热，并将食物倒入盘中，准备上桌。有些机器人甚至可能配备了自动搅拌、调味和上菜等功能。

炒菜机器人

 AI 揭秘：

炒菜机器人背后的 AI 秘密是什么呢？智能炒菜机器人是一种利用人工智能技术，模仿人类烹饪行为的机器人。它的主要组成部分包括感知系统、控制系统和执行系统。

感知系统是炒菜机器人的眼睛和耳朵，负责收集烹饪过程中的各种信息，如温度、颜色、声音等，以便控制系统做出判断和决策。它们通常配备有温度传感器、压力传感器、湿度传感器等，能够实时监测炒菜过程中的各种参数，确保食物的口感和营养成分得到最佳保留。有的炒菜机器人还可以通过摄像头或传感器，识别食材的种类和状态，并根据不同的食材特点进行相应的烹饪处理。**控制系统**是机器人的大脑，负责接收和处理指令，控制机器人的行动。机器人的大脑通过机器学习，可以根据大量的炒菜数据，自动学习并优化炒菜的程序。**执行系统**通常是模拟炒勺的搅拌棒，负责实现烹饪的各种动作。

主 题 二
人工智能的实现方式与
典型案例分析

第三单元 人工智能的实现方式

　　人类在各种活动中表现出不同的智能,如感知、学习、理解、推理、规划、预测、交流与合作等。为了将这些能力赋予机器,实现人工智能,科学家们运用了一系列方法。首先,机器学习作为人工智能的核心技术和方法,使得机器能够从大量数据中学习规律、提取知识,从而实现自主学习和不断优化。其次,机器推理是机器进行逻辑思考、知识表示、规划、搜索等活动的基础。再次,知识图谱作为一种结构化的知识表示方法,可以帮助机器理解实体之间的关系,从而实现更高效的知识检索和推理。此外,状态空间搜索帮助机器在复杂问题空间中,通过不断地搜索可能的解空间,寻找最佳方案以完成任务,在机器规划中发挥着重要作用。而模型预测则利用已有的数据和模型来预测未来的事件或趋势。最后,群体智能方法利用群体行为和协作来解决复杂问题。通过模拟自然界中的群体行为,机器能够像人类一样通过语言和情感来进行有效的交流和协作。

课题 1　机器学习

(一) 通过学习提升智能

　　人类获取知识的基本手段是学习,人的认知能力和智慧才能是在毕生的学习中逐步形成的,学习能力是人类智能的重要标志。学习是一个非常复杂的过程,人们首先需要接收信息,之后通过对信息的观察、分析、抽象、比较、联系、归纳等,不断提高自身的认知能力。

例如,孩童如果需要认识一些新的动物,可以通过识图卡的方式进行,下面给出几张图,孩童是如何学习的呢?

分辨动物

假定孩童是第一次看到这些图片,对这些动物完全没有概念,在细致观察后会发现它们的相同或不同之处,可以发现,这种自然发生的思维活动在没有教师指导的情况下会产生非常不同的判断结果,可能会把它们看作一种动物,也可能会把它们看作两三种不同的动物。然而,当有教师指导时,即告知孩童这些图片分别是企鹅、小企鹅、大海雀时,孩童大脑中的思维活动就会和刚才不一样。在这个过程中,孩童可能会根据图片的动物名称标记,对图片信息进行深度加工,找出它们之间更多的共同点和不同点,抽取动物的特征,建立起形象特征和抽象概念名称之间的联系。这一过程是在一种有指导(被告知动物的名称)的方式下进行的学习。可以发现,有教师指导的学习过程会更加高效。

学习不仅对提升人本身这个系统的能力非常重要,对于机器来说也同样重要。如果仅仅依靠人类想规则、经验并将其写成程序赋予机器,机器将高度依赖人类,很难适应环境任务的变化。因此,对机器学习(machine learning)的研究是人工智能的主要任务之一,目的是让机器能够模拟人类的学习行为,获取知识或技能,使机器具有智能。

（二）机器学习的实现

在机器学习的实现过程中，最重要的是数据、模型和学习方法。数据是机器学习的环境和各种信息，包括图像、视频、声音、文字等，我们可以理解为学习材料。模型相当于机器的大脑，在接收各种信息之后，采用某种学习方式如有教师指导的学习方式让机器的大脑进行调整，调整到能够对输入的信息做出正确的判断或者响应。例如，机器看到一张脸（信息输入），学习好的模型能够给出正确的判断（性别、年龄等），或者给机器一段话（信息输入），机器能够画出相应的艺术作品。模型的形式有很多，一般可以看成不同的数学函数。而学习方式则跟任务有关，大概分为3类：监督式学习、非监督式学习和强化学习。这种分类方法与人类的学习方式类似，下面分别介绍。

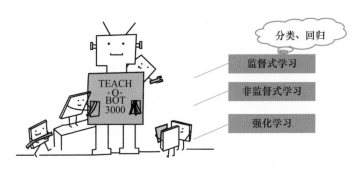

机器学习的方式

1. 监督式学习（supervised learning）

为了理解监督式学习的特点，我们先想一想自己是如何学习新知识的。

在语文课上，老师讲解了几个新成语。这些成语对于初次接触的学生来说，可能是完全陌生的。但是，通过老师的讲解和举例，学生们逐渐理解了这些成语的含义、用法以及背后的故事。

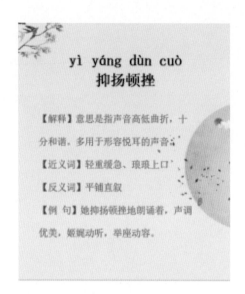

成语学习

在这个例子中，我们可以发现监督式学习的一些关键特征。首先，老师（监督者）为学生提供了有关这些成语的先验知识，包括它们的意义、用法和背景。其次，老师通过举例和讲解，帮助学生将新学到的知识与已有的知识联系起来，从而加深了学生对新成语的理解。最后，学生通过练习和实践，巩固了这些知识，使其成为自己知识体系的一部分。

监督式学习与人类学习新知识的过程有很多相似之处。在监督式学习中，算法通过训练数据集（即带有标签的数据）来学习预测目标变量。训练数据中的标签相当于老师提供的先验知识，而算法通过学习这些标签来建立模型，从而对新数据进行预测。

在监督式学习中，机器学习系统的输入数据称为训练样本，每个训练样本都对应一个明确的标注。

例如，对手写数字识别系统中的每个手写数字都需事先分别用数字0，1，2，3，4，5，6，7，8，9进行标注。这些标注为机器学习系统的训练提供了教师信号或正确答案。在监督式学习过程中，系统将每个输入训练样本的实际输出结果与对应的标注进行比较，根据两者之间的差距（即误差）对学习系统的模型进行调整，直到系统的输出结果达到一个预期的准确率。

手写数字训练样本及标注

显然,在监督式学习中起监督作用的是每个训练样本对应的标注信息,有了标注信息就能计算出系统对每个输入样本的误差,并在误差的引导下改进系统性能,从而通过减小乃至消除误差改善系统性能。

监督式学习常用来解决分类问题和回归问题。在分类问题中,目标是根据输入特征将数据分为不同的类别。例如,根据邮件内容判断是否为垃圾邮件。在回归问题中,目标是预测一个连续值的输出,如根据房屋面积预测房价。

2. 非监督式学习(unsupervised learning)

与监督式学习相比,非监督式学习的训练样本没有人为的标注信息。学习系统需根据样本间的相似性自行推断出数据的内在结构。

举个例子,假设有一堆五颜六色的小球,不知道这些小球应该分成哪几类。可以让小朋友们(非监督式学习算法)自己尝试将小球按照某种规律进行分类。小朋友们可能会根据颜色或者大小将小球分成不同的组。在这个过程中,小朋友们并没有事先被告知小球的类别信息,而是通过观察和探索自己找出了小球的规律。

彩色球聚类

　　这与我们之前学过的一个概念——聚类（clustering）有密切联系。聚类任务的特点是，所有训练样本都没有标注类别信息，对这类样本进行分类实际上是根据样本之间的相似性进行聚类。

3. 强化学习（reinforcement learning）

　　行为主义学习理论认为，人类的思维是与外界环境相互作用的结果，即"刺激—反应"，刺激和反应之间的联结称为强化。该理论认为，通过环境的改变和对行为的强化，任何行为都能被创造、设计、塑造和改变。

　　机器学习中的强化学习正是模拟了这种"刺激—反应"学习理论，通过试错与奖惩等手段完成学习任务的。下面我们先看看一款游戏中的强化学习场景。

　　有一款名为《像素鸟》（*flappy bird*）的游戏很流行。在这款游戏中，玩家需要操控一只小鸟穿越各种障碍物，以获得高分。游戏的目标是让小鸟尽可能长时间地生存。在这个场景中，我们可以将强化学习应用于小鸟的决策过程，以增强小鸟在游戏中的表现。

　　首先，我们可以将小鸟面临的各种障碍物和环境因素视为"刺激"，而小鸟的飞行动作和决策过程则被视为"反应"。强化学习算法通过观察小鸟在游戏中的表现，以及游戏所提供的奖励或惩罚信号，来调整小鸟的行为策略。

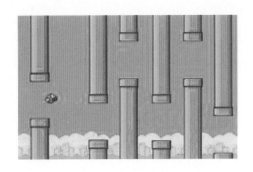

《像素鸟》游戏

在游戏的初期,小鸟可能会随机地做出飞行动作,有时成功穿越障碍物,有时则撞上障碍物导致游戏结束。然而,随着游戏的进行,强化学习算法会逐渐发现哪些飞行动作和决策过程能够带来更高的得分和更长的游戏时间。

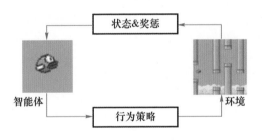

强化学习应用

通过不断的尝试和调整,强化学习算法将优化小鸟的飞行策略,使其能够在游戏中更好地应对各种障碍物,从而获得更高的分数和更长的游戏时间。这个过程体现了强化学习在解决复杂问题中的优势,即通过试错和奖惩机制,使智能体在复杂环境中实现自主学习并适应。

(三) 机器学习的应用

机器学习是一门研究计算机如何从数据中学习规律和模式,并将其应用在新的场景中的学科。机器学习可以解决很多类型的任务,例如:

- 分类任务:根据数据的特征,判断它属于哪个类别。例如垃圾邮件识别、人脸识别、新闻分类等。

- 回归任务：根据数据的特征，预测一个连续的数值。例如房价预测、股票预测、票房预测等。
- 聚类任务：根据数据的相似性，将它们分成不同的组。例如客户分群、社交网络分析、图像分割等。
- 生成任务：根据数据的分布，生成新的数据。例如图像生成、文本生成、语音生成等。
- 强化学习任务：根据环境的反馈，学习一个最优的策略。例如自动驾驶、游戏智能、机器人控制等。

课题 2　逻 辑 推 理

（一）运用推理的智能

推理是人类对各种事物进行分析、综合并最后做出决策的过程，通常从已知的事实出发，通过运用已掌握的知识，找出其中蕴含的事实，或归纳出新的事实，这一过程通常称为推理。

比如，知道鸟有羽毛、有翅膀、会飞，则当看到一个有羽毛、有翅膀、会飞的动物时，就可以推断它是一只鸟。这就是一个简单的推理过程。

再如，一个经典的逻辑推理例子是狼、羊和卷心菜过河问题，如下图所示。

解决这个问题需要运用逻辑推理。首先，我们可以确定农夫不能先把狼或者卷心菜运到对岸，因为这样会导致羊被留在河边被吃掉或者羊吃掉卷心菜。所以，农夫必须先把羊运到对岸。然后，农夫可以选择把狼或者卷心菜运到对岸，但是无论他选择哪一个，都必须在返回来时把羊带回来，否则狼会吃掉羊或羊会吃掉卷心菜。然后，农夫把剩下的那个运到对岸，再返回把羊带到对岸。这样，就可以将狼、羊和卷心菜都安全地运到河对岸。

一位农夫带着一只狼、一只羊和一颗卷心菜过河。河边有一条小船，农夫划船每次只能带狼、羊、卷心菜三者中的一个过河。农夫不在旁边时，狼会吃羊，羊会吃卷心菜。
想一想：农夫怎样才能安全地将狼、羊和卷心菜都送过河呢？

狼、羊和卷心菜过河问题

在这些问题中，我们都是通过推理，从已知的信息、事实或前提出发，通过逻辑和思考，推导出新的信息、结论或知识。推理能力是人类智慧的重要体现，它帮助我们理解世界、解决问题和做出决策。在人工智能领域，推理同样是一个核心概念。人工智能中的推理主要通过计算机程序和算法，从已知的事实、规则和数据中，通过逻辑推理、归纳、演绎等方法，推导出新的信息和知识，让计算机具备类似人类的推理能力。

（二）机器逻辑推理的实现

机器逻辑推理的基本过程是对人的推理过程的一种抽象和实现，是指基于已有知识对未见问题进行理解和推断，并得出问题对应答案的过程。根据该定义，机器推理涉及 4 个主要问题：①如何对输入进行理解和表示？②如何定义知识？③如何抽取和表示与输入相关的知识？④基于对输入及其相关知识的理解，如何推断出输入对应的输出？

1. 知识表示

人类在交流、分享、记录、处理和应用各种知识的过程中，发明了丰富的表达方法，例如语言文字、图片、数学公式、物理定理、化学式等。但若利用计算机对知识进行处理，就需要寻找计算机易于处理的方法和技术，对知识进行形式化描述和表示，这类方法和技术称为知识表示。经过几十年的研究摸索，人们提出了很多种知识的形式化表示方法，如一阶谓词逻辑表示法、语义网络表示法、产生式规则表示法、特性表示法、框架表示法、与或图表示法、过程表示法、黑板结构表示法、Petri 网络表示法、神经网络表示法等。下面我们介绍几种常用的知识表示法，来体会一下知识的形式化表示。

奔跑的猫

假设我们要表示以下知识：

猫是一种动物

猫有四条腿

动物都会呼吸

有四条腿的动物都会跑

用一阶谓词逻辑表示法，可以写成：

动物（猫）

有四条腿（猫）

$\forall x$ 动物$(x)\rightarrow$会呼吸(x)

$\forall x$ 有四条腿$(x)\rightarrow$会跑(x)

用产生式规则表示法，可以写成：

IF 动物（猫）THEN 会呼吸（猫）

IF 有四条腿（猫）THEN 会跑（猫）

IF 动物（? x）THEN 会呼吸（? x）

IF 有四条腿（? x）THEN 会跑（? x）

用语义网络表示法，可以画成下图所示的形式。

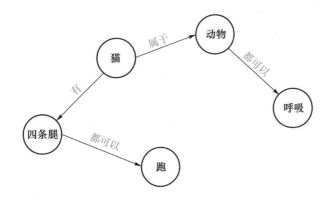

语义网络表示法

从这个例子可以看出,一阶谓词逻辑表示法使用符号和公式来描述知识,它具有严格的语法和语义,可以进行形式化的推理和证明,但比较抽象和复杂,不易于人类理解和记忆。产生式规则表示法使用条件-动作对来描述知识,具有简洁和直观的特点,可以进行基于模式匹配的推理,但难以处理不确定性和复杂性,难以避免冲突和不一致性等。语义网络表示法使用节点和边来描述知识,具有直观和图形化的特点,可以进行基于图搜索的推理,但难以表达复杂的关系和规则,难以定义节点和边的含义和类型等。

2. 知识推理系统

在人工智能系统中,利用知识表示法表达一个待求解的问题后,还需要利用这些知识进行推理和求解问题,知识推理就是利用形式化的知识进行机器思维和求解问题的过程。一般来说,知识推理系统需要一个存放知识的知识库、一个存放初始证据和中间结果的综合数据库和一个推理机。这3个组成部分的实现方案与知识表示法密切相关。

下面以基于产生式规则表示法的产生式系统为例说明知识推理系统的结构。通常一个产生式系统由产生式规则库、综合数据库和推理机(又称控制器,是实现推理的程序)三部分组成,其基本结构如下图所示。

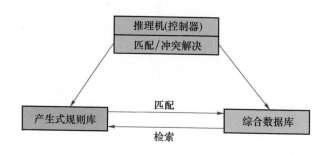

产生式系统的基本结构

产生式规则库：库中存放了若干产生式规则（即推理所需的知识），每条产生式规则都由前提部分和结论部分组成，用箭头（→）连接。前提部分描述了一个或多个事实，结论部分是基于前提部分得出的结论。例如，一条产生式规则可以表示为："如果天气晴朗且温度适中，那么适合进行户外活动。"

综合数据库：是产生式系统的工作区，它存储了当前已知的事实和在推理过程中生成的中间结果。在推理过程中，综合数据库会根据产生式规则库中的规则，不断更新和补充新的事实。例如，在推理过程中，如果发现天气晴朗且温度适中，那么就可以将"适合户外活动"这一结论添加到综合数据库中。

推理机（控制器）：是产生式系统的核心部分，负责对产生式规则的前提条件进行测试或匹配，提供如何调度和选取规则的控制策略。通常将从选择规则到执行规则分成 3 步：匹配、冲突解决和操作。匹配即将数据库和规则的条件部分相匹配，如果两者完全匹配，则把这条规则称为触发规则。当按规则的操作部分去执行时，就把这条规则称为被启用规则。冲突解决是指当有多条规则条件部分和当前数据库相匹配时，就需要决定首先使用哪一条规则，这称为冲突解决。操作就是执行规则的操作部分，经过操作以后，当前数据库将被修改。然后，其他的规则有可能被使用。

人工智能系统的推理过程一般表现为一种搜索过程，因此，高质量的推理过程既需要正确的推理策略以解决推理方向、冲突消解等问题，又需要高效的搜索策略以解决推理路线、推理效率等问题。

下面以产生式规则来表示知识，对一个实际问题进行推理。

假设知识库中包含以下规则（R）和事实（F）：

R1：如果天气是晴朗的，那么可以进行户外活动。

R2：如果天气是阴天的，那么可以进行室内活动。

R3：如果正在下雨，那么应该待在室内。

F1：今天天气是晴朗的。

决策室内外活动

- **正向推理（forward reasoning）**：从已知的事实出发，应用规则得出新的事实。在这个例子中，从已知的事实 F1（今天天气是晴朗的）出发，根据规则 R1（如果天气是晴朗的，那么可以进行户外活动），可以推断出一个新的事实：今天可以进行户外活动。

- **反向推理（backward reasoning）**：从目标（或假设）出发，寻找能够支持这个目标的事实或规则。假设目标是"我想进行户外活动"，我们会寻找支持这个目标的规则，找到规则 R1（如果天气是晴朗的，那么可以进行户外活动）。然后，需要找到支持"天气是晴朗的"这个前提的事实，我们在知识库中找到了 F1（今天天气是晴朗的）。因此，可以得出结论：我可以进行户外活动。

正向推理和逆向推理都有各自的优缺点。当问题较复杂时，常常将两者结合起来使用,互相取长补短,这种推理称为混合推理(hybrid reasoning)。

(三) 机器推理的应用与发展

机器推理在实际中应用领域有很多,包括医学、金融、军事情报等领域,帮助人们加快决策的速度和提高决策的质量。例如:在医学领域,机器推理可以帮助医生根据病人的症状、体征、检验结果等信息,推断出可能的诊断和治疗方案,并给出相应的证据和解释;在金融领域,机器推理可以帮助投资者根据市场的动态、数据、趋势等信息,推断出最优的投资策略和进行风险评估,并给出相应的理由和建议;在军事情报领域,机器推理可以帮助情报分析员根据各种来源、类型、可信度的信息,推断出敌方的意图、行动和能力,并给出相应的预警和对策。

其中,机器推理应用早期一个成功的案例是用于诊断细菌性感染的专家系统MYCIN,它采用产生式规则来表示知识,并使用基于证据的推理方法来进行推理,可以根据病人的临床数据,如发烧、白细胞计数、血培养结果等,推断出可能感染的细菌种类,并给出相应的抗生素治疗建议。MYCIN 的诊断准确率高达 69%。

这种基于知识库的推理系统是 AI 早期运用知识的方式,随着应用的深入暴露了一些局限性和问题。比如:专家系统很难获取和维护领域专家的知识,因为知识往往是隐性的、模糊的、不完整的、不一致的、动态变化的;专家系统很难处理不确定性、复杂性和多样性等现实世界中常见的情况。因此,在人工智能发展到新阶段后开始通过其他更先进和更灵活的方法来运用知识,比如知识图谱(knowledge graph)、机器学习、神经网络等。

课题 3　知识图谱

（一）挖掘知识联系的智能

互联网的发展带来了网络数据内容的爆炸式增长，给人们有效获取信息和知识提出了挑战。比如，我们要出门旅游、吃饭，在选择旅游目的地以及餐厅时，如何高效快速地找到我们心仪的地方呢？比如，我们要去动物园，如果距离较远，则可能隐含住宿、餐饮的需求，如果考虑天气，则可能隐含室内还是室外等需求，这些仅仅依靠搜索的关键词是无法涵盖的，往往需要相关的常识来协助决策。下面我们先来看一个例子。

例如，用户想吃京味午餐，平台会给出如右图所示的推荐。

在这个推荐中，我们发现推荐时考虑了用户用餐的远近，这些针对客户不同的需求而产生的推荐、问答等背后都蕴含着知识的应用。平台不仅考虑了用户偏好的风味，而且还结合位置等约束条件，提供了合适的餐厅推荐。这涉及智能系统对用户需求的理解和分析，将背景知识、地理信息等多种数据融合起来，进而实现精准、个性化的智能推荐。目前，这类推荐系统大多采用更为复杂的知识表示方式，例如知识图谱。通过知识图谱，可以更好地挖掘知识之间的联系，它可以利用图上的节点、边和标签来表示和

餐饮推荐

推理知识之间的关系,从而提供更丰富和更准确的信息检索和问答服务。

(二) 知识图谱的实现

知识图谱最早于 2012 年 5 月 17 日由谷歌正式提出,其初衷是为了提高搜索引擎的能力,改善用户的搜索质量以及搜索体验。阿里巴巴和美团等公司都建立了自己的"知识大脑"。例如,"美团大脑"的目的是希望能够充分地挖掘关联美团点评的各个业务场景里的公开数据,包括累计 40 亿条的用户评价、超过 10 万条的个性化标签、遍布全球的 3 000 多万商户以及超过 1.4 亿的店菜、定义的 20 级细粒度的情感分析,力图通过充分挖掘这些元素之间的关联,构建出一个知识图谱,用它来提供更加智能的生活服务。下面我们来探索知识图谱是如何实现的。

1. 知识图谱的基本概念

知识图谱是用图模型来描述现实世界中存在的各种实体以及实体之间关联关系的技术方法。知识图谱由节点和边组成,节点可以是实体,也可以是抽象的概念;边是实体的属性或实体之间的关系,巨量的边和节点构成一张巨大的语义网络图。

知识图谱中的最小单元是三元组,主要包括"实体 1-关系-实体 2"和"实体-属性-属性值"等形式。每个属性-属性值对(Attribute-Value Pair, AVP)都可用来刻画实体的内在特性,而关系可用来连接两个实体,刻画它们之间的关联。下图给出了一个知识图谱的例子,其中,中国是一个实体,北京是一个实体,"中国-首都-北京"是一个(实体-关系-实体)的三元组样例;北京是一个实体,人口是一种属性,2 184.3 万是属性值,"北京-人口-2 184.3 万"构成一个(实体-属性-属性值)的三元组样例。

　　实体世界万物均由具体事物组成,这些独立存在的且具有可区别性的事物就是实体,如某个人、某个城市、某种植物、某种商品等,具体如下图中的"中国""美国""日本"等。**实体**是知识图谱中的最基本元素,不同的实体间存在不同的关系。

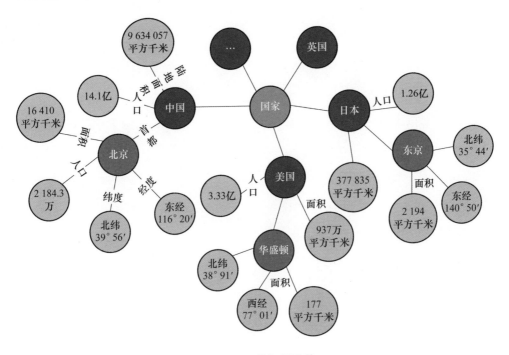

基于三元组的知识图谱

(图片来源:http://www.sohu.com/a/196889767_151779)

　　概念是具有同种属性的实体构成的集合,如国家、民族、书籍、计算机等。

　　内容通常作为实体和语义类的名字、描述、解释等,可以由文本、图像、音视频等来表达。

　　属性是指实体的特性。例如:图中的首都这个实体有面积、人口两个属性;学生这个实体有学号、姓名、年龄、性别等属性。每个属性都有相应的值域,主要有字符、字符串、整数等类型。**属性值**是属性在值域范围内的具体值。

关系在知识图谱中是将若干个图节点（实体、语义类、属性值）映射到布尔值的函数。

2. 构建知识图谱的关键技术

如下图所示，大规模知识库的构建与应用需要多种技术的支持，是一项复杂的系统工程。首先通过知识提取技术，从公开的半结构化、非结构化和第三方结构化数据库等知识来源中，提取出实体、关系、属性等知识要素；然后采用合适的知识表示技术对知识要素进行图谱化，以易于进一步处理；接下来再利用知识融合技术消除实体、关系、属性等指称项与事实对象之间的歧义，形成高质量的知识库。知识推理技术则在已有的知识库基础上进一步挖掘隐含的知识，从而丰富、扩展知识库。知识检索技术可实现各种信息搜索和智能问答，而知识分析技术可实现进行各种数据分析与辅助决策。

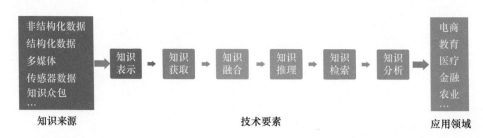

知识图谱的技术构成

（三）知识图谱的应用

全球的互联网公司都在积极布局知识图谱。知识图谱被广泛应用于多个领域。例如：知识图谱可以帮助医疗健康机构管理和整合患者信息、疾病信息、药物信息等数据，并支持数据挖掘和分析，提高医疗服务的质量和效率；在交通领域知识图谱可以整合城市交通信息，如公共交通、换乘、建筑类别、车辆、行车速度、发展计划等信息,以提高公共交通质量和城市交通效率;在金融服务领域可以帮助金融机构进行数据整合、风险管理和智能投资,同时还能支持智能客服和自动化财务服务;在农业和食品工业领域可以帮助提高农业生产效率、增加产量和质量,同时还可以支持食品安全和营养管理;在教育和培训领域可以帮助教育培训机构更好地管理和组织知识和学习资料,并支持个性化学习和自适应教育。

课题 4　状 态 搜 索

生活中的很多问题,包括学习中的解题,都是在可能性中不断地寻找可行的方案,走迷宫、确定去目的地的路线等都会用到搜索。值得注意的是,这和网络搜索中的搜索不是一个概念,网络搜索大多是通过特定词或特定图,找到与之匹配的内容。

(一) 问题求解中的搜索智能

下面通过八数码问题,帮助大家理解问题的解和状态空间搜索。八数码问题(8-puzzle problem)是一个经典的人工智能问题,也被称为"滑动拼图"。这个问题起源于一个 3×3 的网格,其中有 8 个格子放置了数字 $1\sim8$,剩下一个格子是空白的。游戏的目标是通过移动格子,将数字按照正确的顺序(从 1 到 8)排列。

例如,设初始布局为 243107685,目标布局为 123456780,其中"0"表示空格,如下图所示。

在八数码问题中,解空间指的是所有可能的移动序列,这些序列可以将初始状态转换为目标状态。由于每次移动只能将一个格子与空白格子交换位置,因此解空间非常大。这意味着在寻找从初始状态到目标状态的路径时,需要尝试很多不同的移动序列。解决八数码问题的方法有很多,通常会把问题描述成图或树的形式,然后应用搜索算法解决,例如深度优先搜索(Depth-First Search,DFS)、广度优先搜索(Breadth-First Search,BFS)、启发式搜索(如 A* 算法)等。

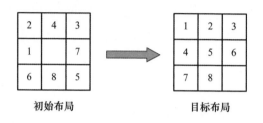

初始布局　　　　　　　　目标布局

求解八数码问题

(二) 状态空间搜索算法及其应用

求解问题的过程可以看作从待求解问题的初始状态出发去寻找一条求解路径,这条路径途经很多中间状态并逐渐向目标状态逼近,最终到达使问题得解的目标状态。如果将问题的不同状态看作不同的"点",所有这些"点"就构成了状态空间,而这个求解过程就是状态空间搜索。在这一过程中,需要有一定的方法和策略,即搜索策略,主要包括盲目搜索策略和启发式搜索策略,前者包括深度优先搜索和广度优先搜索等策略;后者包括局部择优搜索法(如盲人爬山法)和最好优先搜索法(如有序搜索法)等策略。

1. 盲目搜索策略及其应用

盲目搜索是按照预先制定的控制策略,如某种顺序(如深度优先或广度优先)进行搜索,而不会考虑问题本身的特性,又称为无信息搜索。由于很多客观存在的问题都没有明显的规律可循,所以很多时候我们不得不采用盲目搜索策略。但盲目搜索策略可能会陷入无尽的循环,因为它无法判断哪些路径更有可能通向目标状态。

　　其中,深度优先搜索的基本思想是从一个起始节点开始,沿着一条路径不断深入,直到无法继续前进为止,然后回溯到上一个节点,尝试其他分支,直到遍历完整个图或树结构。在八数码问题中,首先将空格周围的数字依次移动到空格位置,形成若干个方案(下图中是 4 个),然后在此基础上按照其中一个方案不断深入下去。下图中是 5 次搜索的结果。通过实验,在 1 000 次搜索后未移动到目标布局。

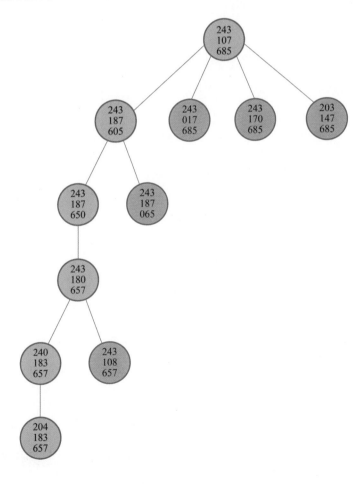

深度优先搜索过程

　　而广度优先搜索按照与顶点的远近程度逐层访问图中的节点。在搜索过程中,会先访问离起始节点最近的节点,然后再访问较远的节点。在八数码问题中,首先将空格周围的数字依次移动到空格位置,形成若干个方案(下图中是 4 个),然后在此基础上针对每一个方案继续挪动空格周围的数字,以此类推。下图是 5 次搜索后的结果。同样,在进行1 000 次的搜索之后没有找到合适的路径。

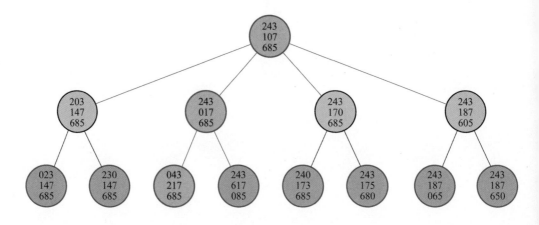

广度优先搜索过程

2. 启发式搜索策略及其应用

　　如果在搜索过程中能够获得问题本身的某些启发性信息,并用这些信息来引导搜索过程尽快达到目标,这样的搜索就称为启发式搜索,又称为有信息搜索。启发式搜索会通过评估每个状态的"启发值"来决定下一步要探索哪个状态。启发值是一个估计值,用于衡量当前状态距离目标状态的远近。启发式搜索的目标是找到一条启发值总和最小的路径。可以看出,在解决八数码问题的过程中,这个启发式搜索算法尽可能得按照与目标位置接近的方向移动,例如尽量将 123 移动到第一行。下图是 5 次搜索后的结果。最后通过 93 次迭代就实现了目标布局,如下图所示。

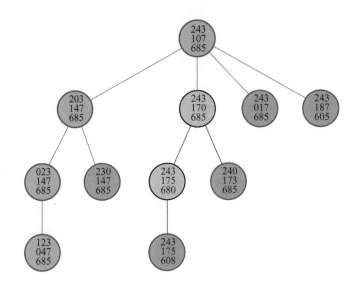

启发式搜索过程

可以看出，在八数码问题中，对于多达 362 880 种状态的复杂问题，采用盲目搜索策略显然是一种最"省心"但费时间的办法。如果采用启发式搜索策略，就要"费心"去发现问题自身的启发性信息，利用这种启发性信息进行"有向导"的搜索，以便快速找到问题的解。由八数码问题的部分状态图可以看出，从初始状态开始，在通向目标状态的路径上，各状态的数码格局同目标状态相比较，其数码不同的位置个数在逐渐减少。所以，数码不同的位置个数便是标志一个节点到目标节点距离远近的一个启发性信息，利用这个状态差距作为一个度量信息，就可以指导搜索，减小搜索范围，

93 次搜索实现求解

加快搜索速度。在搜索过程中,越逼近目标状态,状态差距就越小,达到目标状态时差距为零,此时即搜索完成。

(三)空间搜索的应用

空间搜索算法的主要目标是在给定的搜索空间中找到满足特定条件的解,该算法在许多实际问题中都有广泛的应用。例如:在机器人导航、自动驾驶汽车和无人机等领域中,可用于规划从起点到终点的最优路径;在棋类、扑克等策略游戏中,可用于评估各种可能的走法或策略,从而帮助 AI 玩家做出最佳决策;在搜索引擎中,可以帮助评估文档的相关性,提高搜索结果的质量;在机器翻译、文本分类和情感分析等任务中,可以帮助评估不同表示或分类方案的性能,获得较好的文本表示或分类结果;在生产调度中,可以帮助评估不同生产方案的性能,找到最优的生产计划和资源分配方案;在物流和电信行业中,可以帮助找到最优的网络布局和资源分配方案;在投资组合优化中,可以帮助评估不同投资方案的风险和收益,提高投资组合的绩效。

课题 5 模型预测

(一)什么是预测?

观云识天气

大家在读《三国演义》时,都非常熟悉诸葛亮借东风的故事。诸葛亮真的可以借来东风吗?还是他通过某种方式可以预测未来?从古至今,预测在我们生活中非常重要。

　　在天气预报方面,西周时期就有了"上天同云,雨雪雰雰"的说法,即如果出现了层状云,就会出现雨雪,这一理论得到了当代气象学的证实。随着人们对大自然的观察,流传下来很多关于天气的谚语,例如"朝霞不出门,晚霞行千里""蜜蜂迟归雨来风吹""燕子低飞天将雨""麻雀囤食要落雪"。到了现代,天气预报甚至可以精确到小时。

　　除了天气预报之外,人们也通过观察社会生活中的变化做出相关预测:当纣王开始用象牙做筷子时,箕子就察觉到奢侈之风即将到来,酒池肉林、鹿台琼室即将出现,百姓也会因此而离心王室,因此发出长叹;在现代社会中,有预测某行业未来的发展趋势、某商店未来一个月的销售额、未来某病毒感染人数的情况,还有预测世界杯的比赛结果的情况等。

　　预测的实质是知道了过去、掌握了现在,并以此为基础来估计未来,其基本思想是综合运用惯性原理和类推原理等,在现有资料的基础上,预测事物的一些未知属性或已知属性未来的发展趋势。在这一过程中的关键是描述未知与已知之间的联系,这就需要通过建立适当的预测模型来实现。

现代天气预报

(二) 模型预测的实现

　　根据建模时是否能够较为全面地掌握描述对象的发展过程,预测模型的建立可以分为机理建模和数据建模。机理模型是根据对象、生产过程的内部机制或者物质流的传递机理建立起来的精确数学模型。它是基于质量平衡方程、能量平衡方程、动量平衡方程、相平衡方程以及某些物性方程、化学反应定律、电路基本定律等而获得对象或过程的数学模型。而数据建模的主要思路是利用已有的数据来构建预测模型。这种方法通常不需要对研究对象的内在机理有深入了解,而是通过分析数据中的规律和趋势来构建模型。在实际应用中,机理建模和数据建模通常会结合使用。数据建模可以帮助我们探索大量的数据,挖掘其内在联系,并基于这些联系构建一个预测模型;而机理建模可以提供准确的背景理论和物理模型,配合数据建模的结果,从而更好地解释预测模型的内在机理和预测效率。

1. 基于数据的模型预测方法

在模型预测中,有几种常见的方法被广泛应用。

回归分析:用于预测连续型变量的值。通过建立数学模型,将自变量与因变量进行联系,并利用此模型来预测未知数据的结果。例如,可以使用回归分析来预测房屋价格,如根据房屋的大小、位置和其他特征来推断价格。

分类分析:用于预测离散型变量的结果。分类分析通过建立分类模型,将输入数据分为不同的类别,并根据已知数据的特征来预测未知数据的类别。例如,可以使用分类分析来预测一个电子邮件是垃圾邮件还是正常邮件,根据邮件的主题、发件人和其他特征来进行分类。

时间序列分析:用于预测与时间相关的数据。时间序列分析通过分析过去的数据模式和趋势,来预测未来的数据点。这种方法常用于经济学、气象学和股票市场等领域的预测。

这些预测方法是针对不同的任务(例如回归、分类等)进行的,在使用中要建立具体的模型来进行训练和预测,比如线性回归模型、逻辑回归模型、决策树模型、随机森林模型、支持向量机模型、神经网络模型等。每种模型都有其适用的场景和问题,需要根据实际问题来选择合适的模型。

2. 线性回归模型

最简单的一元线性回归模型和我们的一次函数形式类似,表达式为

$$Y = a + bX \tag{3.1}$$

式中，a 表示截距，b 表示直线的斜率。

我们可以使用线性回归模型来预测广告额和汽车销量之间的关系。

例1 某产品的广告额 X 与销售量 Y 的统计数据如表 3-1 所示。

表 3-1 广告额 X 与销售量 Y 的统计数据

X/万元	1	2	3	4	5
Y/万辆	10	12	16	18	20

以广告额为横坐标，销售量为纵坐标，将 5 个数据点标在下图中的平面上。可以看出，这 5 个数据点的分布似乎接近一条直线。可以用式（3.1）中的方程去拟合这些数据点，但一般说来，这 5 个数据点不可能在同一条直线上（图中的虚线）。如果回归线"照顾"了一些数据点，必然会"委屈"了另一些数据点，结果会顾此失彼，在某些点上引起较大的误差。因此，一般需要从总体上保证误差最小，即一元线性回归模型的目的是找到一条直线方程能够最好地拟合当前给定的数据。目前常用的是 19 世纪初数学家高斯提出的最小二乘法，又称为最小平方法。"最小"是指要将误差最小化，"二乘"是指误差的平方和。

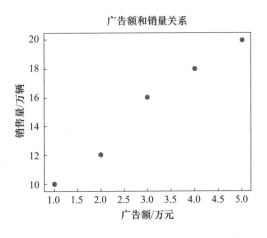

广告额与销售量散点图

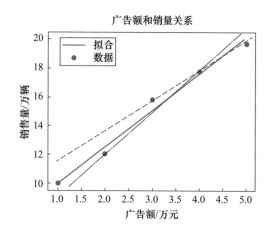

广告额与销售量的拟合曲线

由最小二乘法得到的回归方程为

$$Y=7.4+2.6X$$

拟合曲线如上图中实线所示。可以看出，这条直线处于这些散点的"中间"，而不是过分"照顾"某些点。

3. 决策树模型

决策树是一种用于分类和回归任务的机器学习算法。它的工作原理类似于我们日常生活中的决策过程。通过不断地提出问题并基于答案进行选择，我们最终得出一个结论。决策树模型也是通过类似的方式，将数据集分成不同的类别或预测数值。下面我们先通过解决一个分类决策问题，"种出"一棵决策树！

打网球

问题描述：李强是一位网球爱好者，他一般是周六上午出去打网球。请根据李强过去周六是否打网球的记录，预测他下周六上午去不去打网球。

"李强过去周六是否打网球"的训练实例构成表 3-2 中的训练样本集。

表 3-2 "李强过去周六是否打网球"的训练实例

实例序号	天气	温度	湿度	风力	打网球吗？ Yes:是。No:否
1	晴天	很热	很高	弱	No
2	晴天	很热	很高	强	No
3	阴天	很热	很高	弱	Yes
4	雨天	适宜	很高	弱	Yes
5	雨天	很凉	正常	弱	Yes
6	雨天	很凉	正常	强	No
7	阴天	很凉	正常	强	Yes
8	晴天	适宜	很高	弱	No
9	晴天	很凉	正常	弱	Yes
10	雨天	适宜	正常	弱	Yes
11	晴天	适宜	正常	强	Yes
12	阴天	适宜	很高	强	Yes
13	阴天	很热	正常	弱	Yes
14	雨天	适宜	很高	强	No

可以看出，周六上午李强是否打网球取决于当天的气象条件，气象条件可以用"天气、温度、湿度和风力"4 个属性描述，分别用 $X_{天气}$，$X_{温度}$，$X_{湿度}$，$X_{风力}$ 表示。每一个属性都有若干可能的取值，称为属性值。例如：天气这个属性有 3 个值，即晴天、阴天、雨天；温度这个属性有 3 个值，即很热、适宜、很凉；湿度这个属性有很高和正常两个值；风力这个属性有强和弱两个值。每一个实例都是用若干个属性和它们的值来描述的。

将"李强周六是否打网球"看作一个输出为"Yes"或"No"的目标函数，用 Y 表示，这个函数的自变量就是 4 个属性，即

$$Y = f(X_{天气}, X_{温度}, X_{湿度}, X_{风力})$$

构造决策树可以从任意一个属性开始。一般来说，我们希望找到一种方法来选择最佳的特征来分割数据。最大信息增益（information gain）是一种常用的评估特征重要性的方法，可以帮助我们确定哪个特征是最佳的划分依据。

下面我们从天气属性开始，构造一个"李强周六上午是否打网球"的

决策树。天气属性有 3 个值,在下图中用 3 个分支来表示。基于天气属性可将整个样本集划分为 3 个子集。接下来,我们分析这 3 个子集的情况。

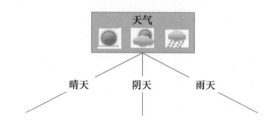

根据天气属性划分样本

如下图所示,晴天的情况在样本集中共出现过 5 次,故这个子集包含 5 个实例,其中 3 个对应 $Y=$No,2 个对应 $Y=$Yes,所以还要进一步将其进行分类。从样本集中可以看出,晴天时 $Y=$No 的 3 个实例都对应着 $X_{湿度}=$很高的情况,$Y=$Yes 的 2 个实例都对应着 $X_{湿度}=$正常的情况,而 $X_{温度}$ 和 $X_{风力}$ 的值并不影响分类结果,所以需要将晴天子集中的样本再按照湿度这个属性的取值情况分为两类:一类是"晴天且湿度很高",其中的 3 个实例全部对应 $Y=$No;另一类是"晴天且湿度正常",其中的 2 个实例均对应 $Y=$Yes。

以此类推获得阴天和雨天的结果。这样,一棵分类决策树就构造出来了! 如下图所示,它看起来很像一棵倒置的树。

决策树中的矩形框对应着实例的属性,称为决策节点,分类结果称为叶节点。最上面的属性"天气"是根节点,其他属性都是中间节点。每个属性节点引出的分支都代表该属性的值,一般有几个值就产生几个分支。从根节点开始用属性值扩展分支,对于每个分支,选一个未使用过的属性作为新的决策节点,如图中的"湿度"和"风力"。新选的节点就如同一个根节点,需用其属性值继续进行扩展,直到每个节点对应的实例都属于同一类为止,这样就递归地形成了决策树。选用不同的属性做根节点,得到的决策树也不同。决策树算法给出了如何选择根节点以及各中间节点的策略。著名的经典决策树学习算法是 ID3,它描述了应该以

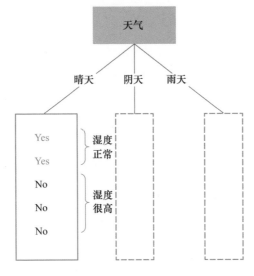

分析子集情况

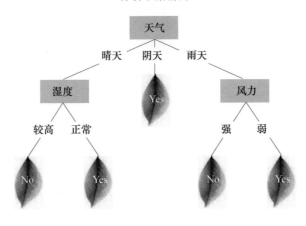

关于"李强周六上午是否打网球"的决策树

什么样的顺序来选取样本集中实例的属性并进行扩展。

4．神经网络模型

神经网络模型是一种模仿生物神经网络（动物的中枢神经系统，特别是大脑）的结构和功能的数学模型或计算模型。神经网络由大量的人工神经元联结进行计算。例如，一个典型的具有层次型结构的前馈神经网络如下图所示，其中每一个圆圈都表示一个神经元，直线表示神经元之间的连接情况。

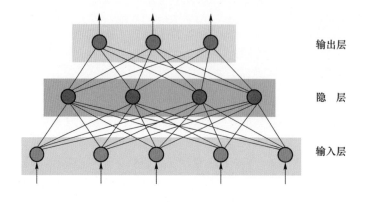

具有层次型结构的前馈神经网络

在这个神经网络中,神经元按功能分成若干层,如输入层、中间层(也称为隐层)和输出层,同一层的神经元互不连接,各层之间顺序相连。输入层各神经元负责接收来自外界的输入信息,并将其传递给中间各隐层神经元;隐层是神经网络的内部信息处理层,负责信息变换,根据信息变换能力的需要,隐层可设计为一层或多层;最后一个隐层将信息传递到输出层各神经元,经进一步处理后由输出层向外界(如执行机构或显示设备)输出信息处理结果。

从函数的角度来看,每个神经元都可以看成一个函数(可以是简单的一次函数,也可以是复杂的非线性函数),多个神经元相连意味着整个神经网络是这些简单函数的叠加组合,这样让前馈神经网络形成了一个复合函数,建立起输入 x 和输出 y 之间复杂的对应关系,从而使得前馈神经网络的输出就是对输入数据的预测或分类。例如,一个神经元可以将 x 通过 $5x+2$ 的函数关系转为 y,另一个神经元则可以将 x 通过 x^2 的函数关系转为 y,如果这两个神经元简单组合在一起形成一个简单的神经网络,就可以实现一个新的映射关系:$y=x^2+5x+2$。随着组合时所占的权重不同,可以演变出多种形式。

研究发现,多隐层神经网络具有更优的学习能力。在图像、语音、文本等领域广泛应用的深度学习技术就是采用了多隐层结构的深度网络,如下图所示,以利于实现复杂的分类。

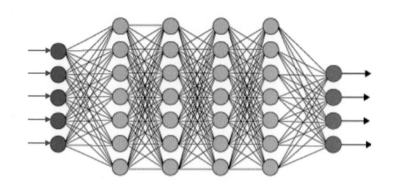

深度网络示意图

（三）模型预测的应用

模型预测的应用非常广泛，涉及科学研究、工程设计、经济管理、社会等各个领域。在科学研究领域可以帮助科学家探索自然现象的规律，验证理论假设，预测实验结果，提出新的问题和方案。例如，模型预测可以用于天气预报、气候变化、生物进化、疾病传播、物理实验等领域。在工程设计领域可以帮助工程师优化设计方案，评估风险和效益，提高产品性能和质量，降低成本和资源消耗。例如，模型预测可以用于机械结构、电子电路、化工过程、控制系统、智能制造等领域。在经济管理领域可以帮助经济学家分析市场需求和供给，预测价格和利润，制定政策和策略，评价投资和效果，提高经济效率和社会福利。例如，模型预测可以用于股票市场、宏观经济、金融风险、营销策略、企业管理等领域。实际上，任何需要预测未来结果的领域，都可能用到模型预测。

课题 6 群 体 智 能

群体智能算法是用数学方法对自然界某些生物群体的智能行为进

行模拟的算法。人们在观察自然界的鸟兽鱼虫等生物群体的行为时惊奇地发现,在这些生物群体中,每个个体的能力都微不足道,但整个群体却呈现出很多令人不可思议的智能行为:蚁群在觅食、筑巢和合作搬运过程中的自组织能力,蜂群的角色分工和任务分配行为,鸟群从无序到有序的聚集飞行,狼群严密的组织系统及其精妙的协作捕猎方式,鱼群通过觅食、聚群及追尾行为找到营养物质最多的水域等。这些历经数万年进化而来的群体智能为人造系统的优化提供了很多可资借鉴的天然良策。群体智能算法往往用来解决优化问题(不仅限于此),因此我们首先来看看生活中的一些优化问题。

(一) 什么是优化问题?

我们在生活和工作中随时随地会遇到各种各样的优化问题。例如:在超市购物时,可能会考虑如何找到最短的购物路线以节省时间,如何合理安排购物清单以避免重复往返,以及如何利用优惠券和促销活动来降低购物成本;在装修房屋时,可能需要优化空间布局,以最大限度地利用空间,同时,还需要考虑如何合理分配预算,以在保证质量的前提下降低成本;在学习过程中,可能需要优化学习方法以提高学习效率,如如何合理安排学习时间,如何针对自己的弱点进行有针对性的训练,以及如何利用科技手段(如在线课程、学习软件等)辅助学习。下面以制订旅游计划为例,说明优化问题涉及的一些概念。

在制订旅游计划时,需要对很多问题做出决策:选择哪些旅游景点?选择哪条旅行路线?选择什么交通工具?如何分配在不同景点逗留的时间?制订计划时有多套方案可供选择,我们在选择方案时会依据某些要求(称为约束条件),力争达到最佳效果(称为优化目标)。例如,一家三口出门旅游,在制订旅行方案时要求:①三天的旅游时间;②让每个人都有感兴趣的景点。这就是制订方案时需要满足的约束条件;在满足约束条件的前提下花费最少,这就是优化目标;而影响优化目标的那些选择，如景点、路线、交通工具等，统称为**影响因素**。针对待解决的问题，给出一个能满足约束条件的最佳方案，从而实现优化目标，这就是**优化问题**。

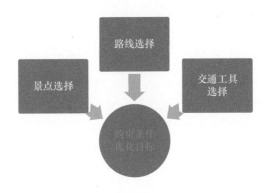

旅游优化问题

优化问题通常通过数学建模来描述优化目标与影响因素之间的函数关系，并通过优化算法来求解。但是，对于某些由大规模群体活动形成的复杂优化问题，往往很难写出优化目标与影响因素之间的函数关系。例如大城市交通拥堵问题、雾霾治理问题，我们很难写出这类问题的优化目标与影响因素之间的函数关系。而借鉴自然界很多生物群体采用的优化方法可以较好地解决复杂优化问题。

（二）借鉴蚁群智慧的优化算法

下面分析一种典型的群体智能算法——蚁群算法。蚁群算法所模拟的是蚂蚁群体，我们看看每只蚂蚁如何以简单的行为规则形成奇妙的群体智能。

当一群蚂蚁浩浩荡荡地出发觅食时，它们看起来是如此笃定，以至于我们常常以为蚂蚁们一定知道自己要去哪儿和做什么。事实真的是这样吗？

蚂蚁觅食

1. 蚁群觅食行为的启发

意大利学者 Marco Dorigo(马可·多里戈)等人在观察蚂蚁的觅食习性时发现,蚂蚁虽然视觉不发达,但它们在没有任何提示的情况下总能找到巢穴与食物源之间的最短路径。

蚂蚁为什么会有这样的能力呢? 实际上,每只蚂蚁在开始寻找食物时并不知道食物在什么地方,它们只是各自向不同的方向漫无目的地随机寻找,这就形成了初始觅食方案的"多样性"。

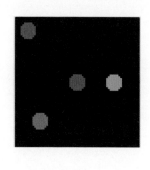

蚂蚁觅食仿真

例如,在左图中,中间是蚂蚁窝,附近有 3 个食物源。蚂蚁在寻找食物源的时候,在其经过的路径上释放一种称为信息素(pheromone)的激素,使一定范围内的其他蚂蚁能够察觉到。当一只幸运的蚂蚁发现食物后,它会一路释放信息素与周围的蚂蚁进行通信,于是附近的其他蚂蚁就被吸引过来。信息素会随着时间的流逝逐渐挥发,直至消失,但新找到食物的蚂蚁会释放更多的信息素,这样越来越多的蚂蚁会找到食物。由于离食物源越短的路径上信息素浓度越高,更多的蚂蚁渐渐被吸引到短路径上来。

如右图所示,右侧的食物源离得最近,信息素(白色部分)浓度就最高,食物消耗得就最快。当某条路径上通过的蚂蚁越来越多时,信息素浓度也就越来越高,蚂蚁们选择这条路径的概率也就越高,结果导致这条路径上的信息素浓度进一步提高,蚂蚁走这条路的概率也进一步提高,这种选择过程称作正反馈。

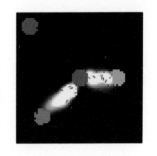

信息素的影响

正反馈的结果会导致出现一条被大多数蚂蚁重复的最短路径,这就是寻找食物的最优路径,是蚂蚁群体在解决觅食这个问题时,通过分布式协作给出的优化方案。尽管每只蚂蚁并不知道如何寻找最短路径,但由于每只蚂蚁个体都遵循了"根据信息素浓度进行路径选择"这样一条天生的规则,整个蚁群系统就能呈现出"找到最优路径"这一群体智能效果。

2. 蚁群算法的基本思想和规则

化学通信是蚂蚁采取的基本信息交流方式之一,在蚂蚁的生活习性中起着重要的作用。M. Dorigo 等人利用生物蚁群能通过个体间简单的信息传递,搜索从蚁巢至食物间最短路径的集体寻优特征,于 1991 年首先提出了人工蚁群算法,简称蚁群算法(Ant Colony Optimization,ACO)。

将蚁群算法应用于解决优化问题的基本思路为:用蚂蚁的行走路径表示待优化问题的可行解,整个蚂蚁群体的所有路径构成待优化问题的解空间。较短路径上的蚂蚁释放的信息素量较多,随着时间的推进,较短的路径上累积的信息素浓度逐渐增高,选择该路径的蚂蚁个数也越来越多。最终,整个蚁群会在正反馈的作用下集中到最佳的路径上,此时对应的便是待优化问题的最优解。

为了模拟生物蚁群的群体智能,ACO 从生物蚁群的觅食行为中抽象出 4 条规则。

觅食规则：在每只蚂蚁能感知的范围内首先寻找是否有食物存在。若有食物则直接向食物移动，否则判断是否有食物信息素存在，以及哪一位置的信息素最多，然后向信息素最多的位置移动。

移动规则：有信息素存在时，每只蚂蚁都朝向信息素最多的方向移动。当环境中没有信息素指引时，蚂蚁会按照自己原来运动的方向惯性地运动下去。在运动的方向上会出现随机的小扰动，为了防止原地转圈，它会记住刚才走过了哪些点，如果发现要走的下一点已经在之前走过了，它就会尽量避开。

避障规则：如果蚂蚁要移动的方向有障碍物挡路，它会随机选择一个方向避开障碍物；如果环境中有信息素指引，它会遵循觅食规则。

信息素规则：蚂蚁在刚找到食物的时候播撒的信息素最多，随着它走的距离越来越远，播撒的信息素越来越少。

可以看出，尽管蚂蚁之间并没有直接的接触和联系，但是每只蚂蚁都根据这 4 条规则与环境进行互动，从而通过信息素这个信息纽带将整个蚁群关联起来了。

3. 蚁群算法在旅行商问题中的应用

我们选择一个经典的组合优化问题——旅行商问题（Traveling Salesman Problem，TSP），了解蚁群算法如何解决该问题。经典的 TSP 可以描述为：一个商品推销员要去若干个城市推销商品，该推销员从一个城市出发，需要经过所有城市后，回到出发地。应如何选择行进路线，以使总的行程最短？

忙碌的旅行商

首先我们来解读一下这个优化问题。

- 待解决的问题：不重复地走完所有城市，并且行程最短。
- 优化目标：总的行程最短。
- 问题的解：包含所有城市（不重复）的路径或者看作城市序列，例如对一个含有 5 个城市 A、B、C、D、E 的 TSP，ABCDE 与 BCEAD 都是问题的解（城市数增多后以此类推）。
- 最优解：使得行程最短的城市序列。

当问题明确后，思考如何将蚁群算法和问题建立联系。想象一下，我们有一群非常勤奋的蚂蚁，它们要帮助旅行商找到最短的路线，以便能够在最短的时间内访问所有的城市并回到起点。

首先，把这些蚂蚁放在不同的城市中，让它们感受一下环境。蚂蚁们有一种特殊的洞察力，会根据城市之间的距离和信息素的浓度来做决策。

蚂蚁们开始行走，每只蚂蚁都会根据它的洞察力选择下一个要去的城市。当然，蚂蚁们更喜欢选择距离比较近的城市，这样它们走得快。不过，它们也会留意一下路径上的信息素浓度，它们会聆听前辈们的建议，比如哪条路径上有更多的信息素。

当所有蚂蚁都走完自己的路线后，开始进行信息素的更新。我们发现，那些走的路径比较短的蚂蚁会释放更多的信息素，而那些走的路径比较长的蚂蚁会少释放一些信息素。此外，信息素也会逐渐挥发或衰减，因为我们希望蚂蚁们保持新鲜感，不要总是走相同的路。

不断重复这个过程，直到满足终止条件，比如认为蚂蚁们已经找到了一个不错的解，或者进行了足够多的迭代次数。

最后，可以找到具有最短路径的蚂蚁的路线，它们成功地帮助旅行商找到了一条最优的路径。

下图就是用蚁群算法解决 TSP 的仿真过程，这里给出的城市数是 23 个。开始每个蚂蚁寻找的路线大多不同，随着时间的推移，某些城市之间留存的信息素浓度较高，各条路线趋于一致，最终找到了一条最优路线。

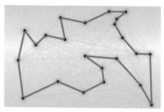

旅行商问题的优化过程及结果

其他比较典型的群体算法包括蜂群算法、鱼群算法、鸟群算法、狼群算法等，这些算法也是依据群体中的个体角色、行为和交互方式来指定相应规则的。生物群体在个体行动的基础上，通过简单交互就可呈现出一种寻找最优的效果，如觅得食物、寻找巢穴，利用个体在解空间搜索的随机性保证解的多样性，以及利用正反馈机制使得搜索趋于优化，使得群体智能算法能够高效地寻找到较为可行的方案。

大家可以查一查目前出现的群体智能算法，看看它们的特点是什么，模拟了生物群体的哪些行为，共同点有哪些。

（三）群体智能的应用

群体智能是指通过组合多个智能体（可以是人、机器或其他实体）的智能和能力来解决问题或完成任务的方法。群体智能已在许多领域中获得成功应用。

优化问题：可以寻找最优或近似最优的解决方案，例如旅行商问题、车辆路径问题、作业调度问题等。其优势在于其可以适应动态变化的环境，同时具有较高的鲁棒性和并行性。

多机器人系统：可以用来控制多个机器人协同完成复杂的任务，例如搜索、探索、抢险、运输等。其优势在于其可以减少通信和计算的开销，同时提高系统的可扩展性和容错性。一些常用的群体智能多机器人系统有机器人足球、机器人鱼、机器人蜂群等。

数据挖掘和分析：可以处理大量的数据，提取有用的信息和知识，例如聚类、分类、特征选择、关联规则挖掘等。其优势在于其可以处理高维度和非线性的数据,同时具有较好的泛化能力和自组织能力。

生态系统建模和管理:模拟和分析复杂的生态系统,如森林、湖泊、草原等,以及人类对生态系统的影响和干预。可以帮助生态学家和管理者理解生态系统的动态变化和演化规律,预测生态系统的未来状态和风险,制定合理的生态保护和恢复措施。

网络安全和防御:可以提高网络安全和防御能力,如检测和阻止网络攻击、恶意软件、僵尸网络等。可以利用分布式、自适应、自组织的特点,实现网络的实时监控、异常检测、入侵响应、安全审计等功能。

社会科学和人文研究:可以模拟和分析社会科学和人文领域的各种现象和问题,如社会结构、社会行为、社会网络、社会选择、社会影响、文化传播等。可以帮助社会科学家和人文学者探索社会规律和机制,验证假设和理论,生成新的知识和见解。

在这些领域中,群体智能方法可以通过充分利用多个智能体之间的协作和信息共享,从而提供更好的问题解决方案和更高效的系统性能。同时,群体智能还具备鲁棒性和容错性,可以应对一些单个智能体无法解决的挑战,如大规模问题、复杂性和不确定性等。

第四单元　人工智能典型案例分析

本单元将通过分析典型案例,对比计算机传统方法和人工智能方法处理同类问题的效果。

课题 1　智能搜索引擎

以人工方式在浩瀚的信息海洋中快速准确地寻找所需信息,其难度无异于大海捞针,因此人们必须依靠高效的检索工具,而搜索引擎就是一种帮助用户在互联网上查询信息的检索工具。搜索引擎能够根据用户的具体需求,采用一定算法和特定策略从互联网中发现、搜索信息,将搜索到的信息进行加工、整理和存储,并反馈给用户。

(一) 国内外著名的搜索引擎

百度搜索引擎是世界上规模最大的中文搜索引擎,拥有全球最大的中文网页库,每天处理来自一百多个国家的超过一亿人次的搜索请求,百度搜索引擎界面如下图所示。我们上网浏览时,遇到不熟悉的名词术语或感兴趣的知识往往会顺手用百度搜一下。除了常见的输入中文文本搜索外,图像、语音、视频也成为新的搜索输入形态。

百度搜索引擎界面

百度提供的主要产品和服务包括网页搜索、MP3搜索、图片搜索、新闻搜索、百度贴吧、百度知道、搜索风云榜、硬盘搜索等。此外,百度还提供地图搜索、地区搜索、国学搜索、黄页搜索、文档搜索、邮编搜索、政府网站搜索、教育网站搜索、邮件新闻订阅、WAP贴吧、手机搜索等多项满足用户细分需求的搜索服务。同时,百度还在个人服务领域提供了百度影视、百度传情、手机娱乐等服务。

谷歌搜索引擎是全球最大的搜索引擎之一,每天需要处理2亿次搜索请求,数据库存有30亿个Web文件,提供常规搜索和高级搜索两种搜索功能,并支持多达132种语言,界面如下图所示。谷歌提供的主要产品和服务包括网站、图像、新闻组和目录服务四大功能模块,此外,谷歌还拥有全球导航功能和在线翻译功能。谷歌搜索引擎的特点是搜索速度快,结果准确率高,而且具有独到的图片搜索功能和强大的新闻组搜索功能。

Google搜索引擎

（二）搜索引擎的智能化进程

从产品形态来看，搜索引擎可以分为三代。第一代搜索引擎是早期 PC 互联网的产物，以谷歌和百度为代表的通用搜索引擎，只提供搜索功能，自身没有内容，通过网络爬虫技术爬取全网海量信息并进行索引。第二代搜索引擎是以微信、知乎、高德地图为代表的、基于内容平台和移动互联网的垂直搜索引擎，搜索结果不仅限于文档，还可以搜索朋友、公众号、位置等。第三代搜索引擎则是正在兴起的智能搜索的新形态，这种智能搜索引擎有望针对用户的输入返回更直接有效的信息答案。目前在通用搜索中，搜索直达、直接问答等都属于向第三代搜索引擎转变的尝试。

从技术实现来看，搜索引擎可以分为 3 个发展阶段。第一阶段的重点是如何保证文字的相关性，主要以文本内容分析技术为基础，使用倒排索引来提高匹配的效率。第二阶段的重点是强调语义的相关性，主要结合机器学习排序模型、深度自然语言处理等人工智能技术，聚焦用户行为挖掘，使得搜索质量显著提升。第三阶段的重点是强调知识在搜索过程中的核心作用，研究如何通过获取、表示和应用知识使得搜索结果能精准对应用户意图，基于知识图谱的智能化搜索进一步提升人们的搜索体验。

课题 2　智能服务机器人

服务机器人是多种高技术集成的装备，能够为人类提供必要的服务，可分为家用服务机器人和公共服务机器人两大类。其中，家用服务机器人是指在家居环境或类似环境下使用的服务机器人，目的是满足使用者的生活需求；公共服务机器人是指在酒店、餐饮、金融、物流、养老、教育、医疗、文化和娱乐等领域的公共场合的商用机器人。智能服务机器人作为人工智能技术与服务机器人相结合的智能化装备,能为人类提供更加智能化、人性化的贴心服务。

（一）智能家用服务机器人

智能家用服务机器人种类繁多、功能丰富,不仅包括智能洗衣机、智能空调、智能冰箱、智能扫地机等各种智能家用电器,还包括孩子们使用的学伴机器人、老人使用的智能轮椅以及聊天机器人、智能穿戴产品等。智能家用服务机器人极大地减少了人们的家务劳动,提升了人们的生活质量,成为居家生活、学习、娱乐不可或缺的智能助手。

智能烹饪机器人具有基于饮食习惯和营养需求的食谱规划能力,以及基于不同菜系烹饪特色的厨房操作能力,将饮食制作与养生知识相结合,可以为每个人定制健康可口的日常饮食。

智能烹饪机器人

智能穿戴产品可以进行人体生理信号监测、情绪分析与调整、自动调温、特殊人群监测,还可以为身体做各种治疗。

智能扫地机器人不仅能吸尘拖地、自动避障,还能对房间大小、家俱摆放、地面清洁度等因素进行自动检测,并制订合理的清洁路线。智能化程度较高的扫地机器人装有自动扫描生成地图功能,通过 Wi-Fi 连接手机 App,不仅能看清扫地效果,还具有指哪扫哪的定点清扫功能。智能扫地机器人不仅实现了自动返回充电功能,还可以预约时间,每天定时打扫。

在智能洗衣机面市之前,全自动洗衣机是洗衣省力又省心的最佳选择。全自动洗衣机内部预先设定了多个洗涤程序,洗衣时需要我们在控制面板上选择一个合适的程序,并提前放好适量的洗涤剂和柔顺剂。洗衣机启动后会自动识别控制水位,并精准完成寝泡、漂洗、脱水、自动排水等功能,洗衣完成时自动停止并由蜂鸣器发出响声,需要我们将脱水后的衣物取出来进行晾晒。对于没有洗涤经验的人来说,选择哪个洗涤程序? 放多少洗涤剂和柔顺剂? 这些都需要不断摸索。而采用了人工智能技术的智能洗衣机能够给我们带来全新的体验。智能洗衣机能够对洗涤剂和柔顺剂进行自主智能添加和精确投放,实现洗烘一体,还能通过手机 App 对智能洗衣机进行远程操控。

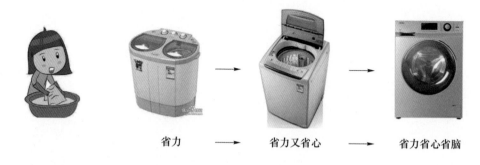

省力 —— 省力又省心 —— 省力省心省脑

洗衣工具的演变

(二) 智能公共服务机器人

近年来,用于服务行业和用于观赏、娱乐的智能公共服务机器人随处可见。

活跃在餐馆的送餐服务机器人能提供从点餐、取餐到送餐一系列服务。

酒店的迎宾服务机器人礼貌热情,不仅能够迎来送往,还能自己乘坐电梯去客房提供服务。

展馆的讲解服务机器人不仅能够进行生动有趣的讲解,还能够利用室内定位导航技术,实现复杂场景全方位精准导航,根据需求定制不同的讲解路线,让参观者从各个维度参观了解展厅。

银行大厅的服务机器人可以通过语音、文字、视频、动作等方式交互,为来宾提供问题咨询、定制问答服务,实现业务引导及办理,提高办事效率。

疫情期间,消毒防疫机器人大显身手,它们不仅能够以微米级雾化效果对空气进行消毒,深入空间难触及的细微缝隙进行精细化喷洒,同时还可对空气及物品表层进行深度消杀,而且能够按设定路线,自主导航行走,配置梯控系统,自主上下电梯,进行多楼层消毒。

消毒防疫机器人

在许多娱乐场所,我们经常能看到一些表演机器人,为顾客展示舞蹈、乐器、书法等各种才艺,为顾客提供了崭新的娱乐体验。

智能服务机器人的核心技术模块包括环境感知与导航技术、运动控制技术、人机交互技术、操作系统技术及芯片技术。环境感知与导航技术使机器人能通过传感器获取外界环境及自身信息,并在此基础上构建环境地图,确定自身位置和姿态,从而通过智能决策规划行动。运动控制器是服务机器人行动的执行者。人机交互技术是实现服务机器人与人沟通的桥梁,常用的交互方式包括语音、图像、文本、触控等。操作系统是为服务机器人标准化设计而构造的软件平台,可提供一系列用于获取、建立、编写和运行多机整合的工具及程序。服务机器人的环境感知与导航、运动控制、HRI(Human-Robot Interaction,人机交互)及操作系统等环节的实现均会用到不同类型的芯片,因此,芯片是服务机器人系统的大脑。

课题 3 智能物联网

智能物联网是人工智能＋物联网的产物。人工智能与物联网这两类技术有天然的互补性:一方面,人工智能需要物联网来拓展应用场景和数据养料;另一方面,物联网需要人工智能来赋能并提升应用价值。有了人工智能技术的赋能,物联网正在由狭义的"万物互联"向更广阔的应用场景迅速扩展,即人与物、物与物之间可以进行更复杂、更智能化的交互,进而改变现实世界与数字世界融合交互的方式,也推动了社会运行模式与商业形态的变化。

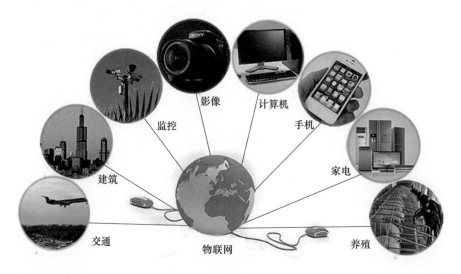

智能物联网

(图片来源:https://www.hificat.com/news-solution/iot-project/314.html)

(一)智能物联网的核心能力

智能物联网能够驱动各类数据的智能化应用,其核心能力包括数据智能、语音智能和视觉智能。

数据智能是指基于传感器的数值类型数据进行智能化分析与交互。例如,将工厂采集到的大量数据直接上传到云端,产生各种智能化决策后返回控制台,作为整个工厂生产过程的重要依据。

语音智能是指基于语音类型数据进行语音的语义理解分析与交互。云端的智能语音识别平台拥有丰富的声学模型、语言模型及发音字典,为人们与汽车、手机、可穿戴产品等各类移动终端的互动提供了极大的便利。例如：汽车的驾驶人员可以及时获取交通信息，轻松实现语音导航；智能手表的佩戴者可以按照自己习惯的说话方式对手表发出命令或提问，还可以用智能手表打电话。

视觉智能是指基于视频与图片类型数据做视觉语义化理解分析与交互。人类看到视频或图片中的场景就能够理解并描述出整个画面中的内容，如任务、地点、事件等，但是计算机传统方法却无法理解视频或图片中的内容。目前，基于人工智能技术的图像理解研究还处在目标识别、图像分类和图像分割阶段。目标识别的任务是找出图像中目标的位置和类型；图像分类的任务是识别出图中的所有目标并输出其类别，这个输出的类别称为标签；图像分割主要有语义分割和实例分割两种类型，语义分割是将图像中的所有像素点进行分类，而实例分割是目标识别和语义分割的结合，可以区分同一类像素点中的不同物体。

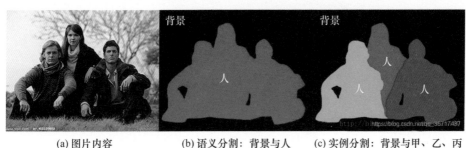

| (a) 图片内容 | (b) 语义分割：背景与人 | (c) 实例分割：背景与甲、乙、丙 |

基于人工智能技术的图像理解

（图片来源：https://blog.csdn.net/qq_36717487/article/details/115368483）

（二）智能物联网产品支持的功能

智能物联网产品支持四大功能：监视、控制、优化和自主。

监视功能：智能物联网产品可通过传感器和外部数据源对产品的状态、运行情况和外部环境进行全面监视。例如，数字血糖仪使用患者皮肤下的传感器测量血糖指标，并以无线方式连接到其他设备，在患者达到血糖阈值前 30 min,向患者和临床医生发出警报,从而让医生进行适当的治疗。又如,采矿设备制造商可以监控远在地下的整个设备车队的运行状况、安全参数和预测服务指标。

控制功能:智能物联网产品可以通过嵌入产品中或云端的软件实现远程控制。例如,用户可以通过智能手机调整灯泡的照明色调,在检测到有人入侵时将其编程为闪烁红色,或在夜间缓慢调暗,等等。又如,在精准农业领域,利用联网的各种传感器的实时数据对播种、施肥、浇灌、除害虫等情况进行远程异地监控。

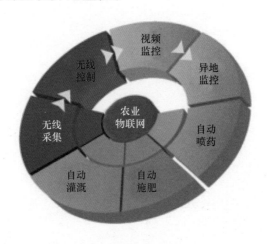

农业物联网应用

优化功能:有了来自智能物联网产品的大量监控数据,以及远程控制产品的能力,企业能够以多种方式优化产品的性能。例如,在风力涡轮机中,本地微控制器可以在每次旋转时调整每个叶片,以获取最大的风能。有些企业通过实时监测产品状况和远程控制的数据,能够在即将发生故障时进行预防性维修并远程完成维修,即使需要现场维修,也可以提前了解损坏的内容、需要哪些部件以及如何完成修复。

自主功能:基于监控、控制和优化功能,智能物联网产品能够实现传统物联网无法实现的自主级别。具有自主功能的产品能够了解自己的环境,分析自己的服务需求,并自主适应用户的喜好,不仅可以减少对操作人员的需求,还可以提高危险环境中的安全性,并在偏远地点进行安全操作。例如,随着越来越多的智能电表联入电网,公用事业公司能够深入了解并响应用户的用电需求,电网的能效可得到显著提高。又如,智能采矿系统能够在地下很深的地方运行,由地表上的采矿控制中心对设备的性能和故障进行持续监测,并派技术人员到地下处理需要人工干预的问题。

课题 4　智 能 终 端

智能终端是一类嵌入式计算机系统设备。随着大数据、物联网、人工智能技术的相互融合,智能手表、智能音箱、智能眼镜、智能门锁、智能家电、无人驾驶汽车等面向个人用户的智能终端,以及智慧屏、商用智慧营销终端等面向机构的智能终端,呈现百花齐放的局面。

传统终端的主要功能是数据采集和传输,而智能终端的特征数据提取能力与数据预处理能力大大提高。随着智能芯片和智能算法的升级,智能终端自身具备更多从数据中提取特征值和压缩数据的功能,大大地降低了数据查找和传输门槛。

(一) 生活中的智能终端

互联网改变了世界,智能终端改变了生活。当前,智能终端正以各种形式进入零售、交通、家居、医疗、办公、金融等各行业,以多样化的服务赢得使用者的青睐。

传统的自动售货机需先投币,再选择商品,然后完成商品交易。而作为物联网智能终端的智能自动售货机采

智能自动售货机

用触摸屏技术,消费者可以直接点击商品图案选择商品,屏幕不仅可以显示销售的商品信息,还可以显示广告或其他促销活动。智能自动售货机还增加了银联卡、微信等移动支付手段。此外,智能自动售货机还可以通过智能监控系统实现全天候网络监控,以及机械故障、商品缺货、商品补货等问题的预警。同时,智能自动售货机的智能管理系统可以根据销售数据分析消费者的年龄、偏好等因素,为后续商品的交付和销售提供保障。

金融智能终端机大大地提升了生活的便利性,通过金融智能终端机人们可以在住宅、学校、单位就近完成还款、付款、缴费、充值、转账等日常金融业务。除了各个银行,全国很多地铁站、便利店、商超和社区都配备了金融智能终端机。

数字会议桌面智能终端集成了电子桌牌显示、音视频播放、会议签到、投票表决、信息收发、呼叫服务、图片显示、会议内容、资料共享、上网、计时服务、会议日程等各种会议管理和服务功能,借助于网络化、数字化、智能化等技术优势,数字会议桌面智能终端全面地提升了会议系统的实用性、安全性和可靠性。

数字会议桌面智能终端

近年来,在青少年新生代消费者的消费需求影响下,高颜值、新颖好玩、参与感强的智能终端发展迅速。运动传感、虚拟现实、增强现实、5G云游戏等各类智能娱乐设备为年轻人提供了丰富的娱乐形式和体验。

(二) 适老化的智能终端

人工智能技术的广泛应用应当造福全社会,但各种智能终端设备在为我们的生活和工作带来极大便利的同时,也给很多老年人带来了困惑。第七次全国人口普查数据显示,我国 60 岁及以上人口占总人口的比重为 18.70%。老年人口规模未来还将持续快速增长。因此,必须让所有智能产品更有温度,解决"银发族"使用中的困难。

近年来,智能终端的适老化改造进展迅速。例如,手机屏幕的字体多大最适合老年人? 应用图标多大方便寻找? 遥控器的按键大小、电视机的清晰语音功能以及电视屏幕的色弱补偿等都被纳入"适老化"改造范围。老年人群体对智能终端已经从"不会用、不爱用"向"会用、爱用"转变。

目前很多智能手机支持适老化相关功能。有些智能手机厂家推出了远程协助模式,让子女能够远程操控父母的手机界面,可以帮助父母在小程序上完成医院挂号、通过 App 打车等。

很多新设计的智能家电产品都增加了长辈模式,结合老年人的操作特点和观看习惯开发了语音识别、简介模式、远程操控等人性化功能,例如,老年人可以通过粤语、四川话、长沙话、上海话等 24 种方言语音控制智能电视。

除了智能手机、智能电视外,还有很多智能终端服务场景和领域正在进行适老化设计开发。例如:在智能穿戴领域,利用智能手表、智能手环等终端实现安全保障、健康监测、预防提醒等功能;在智能家居领域,适合老年人生理特征的专用智能空调、操作便捷的智能厨卫产品、符合老年人习惯的智能音箱等发展前景广阔;在智能医疗领域,针对老年人慢性病的智能血糖仪、智能呼吸机、智能雾化机等保健医疗产品正在快速发展。

课题 5 智能芯片

智能芯片指的是针对人工智能算法做了特殊加速设计的芯片,即专门用于处理人工智能应用中的大量计算任务的模块。

(一)我国智能芯片的发展

长期以来,我国在 CPU、GPU、DSP 处理器的设计上一直处于追赶地位,绝大部分芯片设计企业依靠国外的知识产品设计芯片,在自主创新上受到了极大的限制。人工智能的兴起为中国在处理器领域实现弯道超车提供了绝佳的机遇,国产处理器厂商与国外竞争对手在人工智能这一全新赛场上处在同一起跑线。

我国智能芯片的发展目前呈现百花齐放、百家争鸣的态势,人工智能芯片的应用领域遍布商品推荐、安防、股票交易、金融、机器人以及无人驾驶等众多领域,催生了大量的人工智能芯片创业公司,此外,国内的研究机构在智能芯片领域也开展了深入研究。

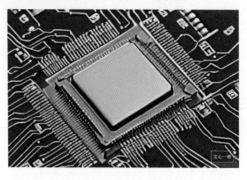

智能芯片

目前主流智能芯片的核心主要是利用乘加（Multiplier and Accumulation，MAC）计算加速阵列来实现对卷积神经网络（CNN）中最主要的卷积运算的加速。这类智能芯片主要有三方面的问题有待解决：一是深度学习计算所需数据量巨大，造成内存带宽成为整个系统的瓶颈；二是内存大量访问和MAC阵列的大量运算，造成智能芯片整体功耗的增加；三是深度学习对算力的要求很高，提升算力最好的方法是做硬件加速，但是深度学习算法的发展日新月异，新的算法在已经固化的硬件加速器上可能无法得到很好的支持，即性能和灵活度之间的平衡问题。

 知识拓展：

中央处理器（Central Processing Unit，CPU）是计算机的运算核心和控制核心，是信息处理、程序运行的最终执行单元。CPU包含运算逻辑部件、寄存器部件和控制部件等，并具有处理指令、执行操作、控制时间、处理数据等功能。

图形处理器（Graphics Processing Unit，GPU）又称显示核心、视觉处理器、显示芯片或绘图芯片，是一种专门在个人计算机、工作站、游戏机和一些移动设备（如平板电脑、智能手机等）上做绘图运算工作的微处理器。

数字信号处理器（Digital Signal Processor，DSP）是由大规模或超大规模集成电路芯片组成的用来完成数字信号处理任务的处理器。

GPU   DSP

（二）智能芯片的发展方向：类脑芯片

为了解决CPU在大量数据运算时效率低、能耗高的问题，各国研究人员正在尝试采用人脑神经元结构设计芯片来提升计算能力，这类芯片被称为类脑芯片。类脑芯片以模拟人脑的神经突触传递结构为目标，追求在芯片架构上不断逼近人脑。类脑芯片中数量众多的处理器类似于神经元，而通信系统类似于神经纤维。类脑芯片在处理海量数据方面优势明显，并且功耗比传统芯片更低。目前已经面世的类脑芯片主要有以下几种。

1. IBM 公司的 TrueNorth 芯片

2014 年 IBM 公司在模拟人脑大脑结构的基础上，研发出了具有感知和认知功能的第二代硅芯片原型 TrueNorth。该芯片共用了 54 亿个晶体管，具有 4 096 个模拟了人类大脑神经结构的内核，每个内核都包含256 个

TrueNorth 芯片

"神经元"（处理器）、256 个"轴突"（存储器）和 64 000 个"突触"（神经元和轴突之间的通信）。所以，TrueNorth 芯片共集成了 100 万个"神经元"、2.56 亿个"突触"。此外，不同芯片还可以通过阵列的方式互联，如果用 48 个 TrueNorth 芯片组建一个具有 4 800 万个神经元的网络，则该网络呈现的智力水平将相似于普通老鼠。

2. 英特尔公司的 Loihi 芯片

2017 年 9 月，英特尔推出了自我学习芯片 Loihi。Loihi 的设计目的是模仿大脑的工作方式，Loihi 可以像人类大脑一样，通过脉冲或尖峰传递信息，并自动调节突触强度，通过环境中的各种反馈信息，进行自主学习、下达指令。Loihi 内部包含了 128 个计算核心，每个核心都集成了 1 024 个人工神经元，总计 13.1 万个硅"神经元"，彼此之间通过 1.3 亿个"突触"相互连接。根据英特尔给出

Loihi 芯片

的数据,Loihi 的学习效率比其他智能芯片高 100 万倍,完成同一个任务所消耗的能源可节省近 1 000 倍。

3. 高通公司的 Zeroth 芯片

2013 年高通公布了一款名为 Zeroth 的类脑芯片,Zeroth 不需要通过大量代码对行为和结果进行预编程,而是通过类似于神经传导物质多巴胺的学习完成的。高通为了让搭载该芯片的设备能随时进行自我学习,并从周围环境中获得反馈,还为此开发了一套软件工具。高通用装载该芯片的机器小车进行了演示,使小车在受人脑启发的算法下完成寻路、躲避障碍等任务。

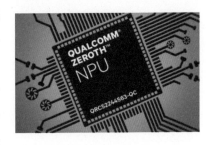

Zeroth 芯片

4. 西井科技公司的 DeepSouth 芯片

我国的企业近年也开展了类脑芯片研究,其中西井科技目前已推出了两款自主研发产品:拥有 100 亿规模的神经元人脑仿真模拟器(Westwell Brain)和拥有 5 000 万神经元的可商用化类脑芯片(DeepSouth)。DeepSouth 芯片总计有 50 多亿"神经突触",除了具备自我学习、自我实时提高的能力外,还可以直接在芯片上完成计算,不需要通过网络连接后台服务器,可在无网络情况下使用。在能耗方面,DeepSouth 在同一任务下的功耗仅为传统芯片的几十分之一到几百分之一。

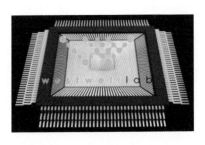

DeepSouth 芯片

5. 浙江大学的"达尔文"类脑芯片

2015 年,浙江大学与杭州电子科技大学的研究者们研发出了一款称为"达尔文"的类脑芯片。这是国内首款基于硅材料的脉冲神经网络类脑芯片，面积为 25 mm²，内含 500 万个晶体管。芯片上集成了 2 048 个硅材质的仿生神经元，可支持超过 400 万个神经突触和 15 个不同的突触延迟。这款芯片可从外界接收并累积刺激，产生脉冲（电信号）并进行

信息的处理和传递。研发人员还为"达尔文"开发了两款简单的智能应用：一是这款芯片可识别不同人手写的 1～10 这 10 个数字；二是"达尔文"在接收了人类脑电波后，可控制计算机屏幕上蓝球的移动方向。在学习并熟悉了操作者的脑电波后，"达尔文"

"达尔文"芯片

会在后续接收相同刺激时做出同样的反应。

课题 6 智能运载工具

人工智能对于交通工具革新的影响与日俱增，由此推动了智能运载工具产业快速发展。

（一）无人驾驶汽车

无人驾驶汽车是驾驶自动化系统中的一种类型，也称为轮式机器人。我国的《汽车驾驶自动化分级》标准将驾驶自动化系统划分为 0 级（应急辅助）、1 级（部分驾驶辅助）、2 级（组合驾驶辅助）、3 级（有条件自动驾驶）、4 级（高度自动驾驶）、5 级（完全自动驾驶）共 6 个等级。显然，无人驾驶汽车属于驾驶自动化系统中的最高级别。

无人驾驶汽车通过车载传感系统来感知车辆周围的环境，并根据感知所获得的道路信息、车辆位置信息和障碍物信息，控制车辆的转向和速度，从而使车辆能够安全、可靠地在道路上行驶。无人驾驶汽车是自

动规划行车路线并控制车辆到达预定目标的智能汽车。

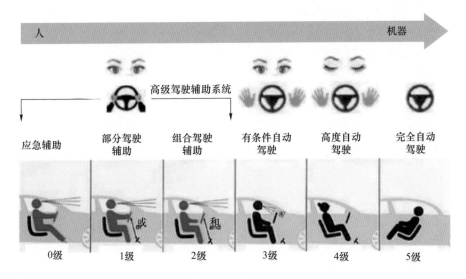

驾驶自动化系统分级

（图片来源：https://www.yoojia.com/article/10090771945351598713.html）

新能源汽车用动力电池和电机等电动化部件取代了油箱、发动机、变速箱等传统零部件，为汽车的自动化与智能化打下了坚实的基础，而人工智能技术的应用则使汽车的无人驾驶成为可能。

通过电驱动和传感器能够实现各种信息的采集、处理、传输。在此基础上，依靠车内安装的以传统计算机系统为主的自动驾驶仪也可以基本实现车辆行驶的自动化控制。但车辆的自动行驶取决于事先编好的程序，这样的车辆避障能力和应对突发情况的能力都很弱，可智能地在事先规划好的无人路线上自动行驶，但真正上路是非常危险的。

以人工智能技术为主的智能驾驶仪如同汽车的"AI司机"，能够安全可靠地实现无人驾驶的目标。近年来，无人驾驶汽车的智能化水平越来越高，不仅集环境感知、规划决策、多等级辅助驾驶等功能于一体，而且涵盖了计算机、现代传感、信息融合、通信、人工智能、人机交互及自动控制等诸多技术。其中，传感技术如同汽车"AI司机"的耳目，通信技术如同汽车"AI司机"的神经系统，而人工智能技术如同汽车"AI司机"的大脑。车载传感器收集的大量数据为"AI司机"提供了源源不断的重要信

无人驾驶汽车

息资源,通过人工智能算法的处理,无人驾驶汽车的舒适度、安全性和可靠性能够大大提升。

无人驾驶技术的发展不仅会影响传统的出行方式,给人们带来新的出行体验,还会改变产业结构和城市布局以及能源利用,推动社会的发展,有效地改善交通拥堵,减少环境污染,提高资源利用率,真正地实现安全、快捷、舒适、绿色出行。

 拓展知识:智能网联汽车

近几年通信技术的发展使得车辆协同控制成为可能,为提升智能交通系统的安全性与高效性提供了有力保证。车辆协同控制系统是指通过优化调整车辆的运

智能网联汽车

(图片来源:https://www.sohu.com/a/118221200_118088)

行轨迹、速度等参量,使车辆快速、安全、高效地通行的系统。车辆协同控制系统主要分为一维协同控制与二维协同控制。在一维协同控制中,车辆队列化是将单一车道内的相邻车辆进行编队,根据相邻车辆信息自动调整该车辆的纵向运动状态,最终达到一致的行驶速度和期望的几何构型。在二维协同控制中,车辆轨迹存在重叠交叉,在考虑通行效率的同时还要考虑车辆避撞等安全性问题。智能车联网通过车与车之间的协同控制和信息交互,为智能交通系统的发展奠定了基础。

(二) 无人机与无人机系统

无人机的学名是无人驾驶飞行器,是一种由地面控制站管理的飞行器,包括无人直升机、固定翼飞行器、多旋翼飞行器、无人飞艇、无人伞翼机。

在无人驾驶的条件下,无人机能够实现自主或者半自主飞行,可以完成各种复杂的载荷任务,所以被称作“空中机器人”。

而无人机系统则是指由一架无人飞行器、相关的地面控制站、所需的指令与控制数据链路、任务载荷,以及设计规定的任何其他部件组成的系统。

无人机系统也有驾驶员,不过驾驶员不是坐在机舱里驾驶飞机,而是在地面上对无人机的飞行进行适时操控。操控无人

无人机

机有两种方式:半自主控制方式(遥控)和全自主控制方式(程控)。

在半自主控制方式下,无人机的自动驾驶仪能够保持飞机的姿态稳定,但其飞行仍然需要地面人员通过遥控设备进行操控。在这种控制方式下,飞行员在地面上用遥控设备“开飞机”,无人机类似于航模。

采用了人工智能技术的无人机机载自动驾驶仪能够实现全自主控制方式。在全自主控制方式下,地面人员就像真正的飞行员一样,能够自主完成无人机航路点到航路点的位置控制以及自动起降等任务。在这种控制方式下,无人机的机载自动驾驶仪根据智能程序执行“开飞机”的任务,而地面人员进行的是任务规划。

无论是军用还是民用,无人机的核心优势都是侦查和监测。利用这一优势,无人机已逐渐在许多领域大显身手,例如环境监测、气象监测、灾害与危险监测、搜索与救援、土壤监测、海洋监测、森林火警监测等领域;此外无人机还广泛应用于航拍与测绘、农作物播种与喷药、水产业巡逻、高速公路巡逻与交通事故处理、电力线巡检、边境线巡逻、紧急物资运送等诸多领域。

课题 7　智能机器博弈

机器博奕

博弈是一种双方对垒比拼智力的竞技活动,国际象棋、中国象棋、围棋等棋类游戏一直被视为顶级人类智力与人工智能的试金石。智能机器博弈既包括计算机棋类软件与软件之间的博弈,也包括计算机棋类软件与人类棋手之间的博弈。智能机器博弈涉及人工智能领域的多个研究方向,推动了搜索算法、评估函数、模式识别、机器学习等许多重要理论和方法的发展。

(一) 象棋人机大战

早在 1996 年 2 月 10 日,IBM 的国际象棋计算机程序"深蓝"首次挑战国际象棋世界冠军加里·卡斯帕罗夫(Garry Kasparov),结果以 2 比 4 败给了卡斯帕罗夫。1997 年 5 月 11 日,IBM 带着优化后的"深蓝"卷土重来,以 2 胜 1 负 3 平的成绩将卡斯帕罗夫击败。机器的胜利展示了人工智能技术的巨大潜力和应用前景,表明人类开发的智能软件能够战胜人类自身。

卡斯帕罗夫正在执棋

（图片来源：https//fashion.sohu.com/20160315/n440458281.shtml）

那么，"深蓝"到底是如何下棋的呢？机器真的比人类更聪明吗？事实上，"深蓝"是一台重达 1 270 kg 的超级计算机，内置了 32 个并行处理器，每秒可以搜索 2 亿步棋。"深蓝"存储了几乎世界上所有的棋谱，对于卡斯帕罗夫过去下过的每一局棋都了如指掌，因此能根据过去的棋局进行程序优化。"深蓝"的核心部分是衡量局面"好坏"的评价函数。"深蓝"在走子之前，首先要考虑 4 种基本因素的价值：子力、位置、王的安全性

位于纽约 IBM 总部的"深蓝"

（图片来源：https://fashion.sohu.com/）

和速度。所谓子力指的是不同棋子的价值或威慑力；而判断位置的价值体现在己方子力控制的方格越多，位置就越好；王的安全性是一个衡量安全的值，以明确如何进行防御；速度则着眼于如何抢夺棋盘的控制权。"深蓝"的程序设计人员首先让"深蓝"给这些因素评分，判断每走一步带来什么好处，然后搜索所有合法的走法，选择一种可以使评价函数得分最高的走法。

由此可知，对机器来说对弈问题就是一种计算。"深蓝"的威力就在

于大规模并行处理信息的速度。因为越快的计算机在给定时间内搜索的范围越大，找到最佳走棋方法的可能性也越大。在经典国际象棋比赛中，每位棋手要求在 3 min 内走一步棋。在这 3 min 的时间里，"深蓝"能够计算 600 亿步走法。说到底，"深蓝"不是靠聪明而是靠速度战胜了卡斯帕罗夫。

（二）围棋人机大战

长期以来，顶级人工智能围棋软件甚至不能打败稍强的业余棋手。这是因为围棋需要计算的变化数量远远超过已经观测到的宇宙中原子的数量。人类可以凭借某种难以复制的算法或直觉一眼看到棋盘的本质，而机器却无法做到。后来，人工智能研究者们运用"深度学习"技术研究围棋软件。谷歌的 DeepMind 团队开发的人工智能程序 AlphaGo（阿尔法围棋）就是基于深度学习技术的，这使 AlphaGo 在围棋技艺上获得巨大提升，并战胜了职业棋手。

为了测试 AlphaGo 的水平，谷歌于 2016 年 3 月向围棋世界冠军、韩国棋手李世石发起挑战，AlphaGo 以 4 比 1 的战绩大胜李世石。2017年 5 月，谷歌又推出了阿尔法围棋的升级版 AlphaGo Master，并邀请世界冠军、中国棋手柯洁与之进行对战，结果 AlphaGo Master 以 3 比 0 的战绩打败了柯洁。

2017 年 10 月，DeepMind 团队公布了进化最强版 AlphaGo Zero，该版本最大的特征是不再需要人类经验数据，用于训练的是机器自我对弈所产生的数据。经过 40 天的训练后，AlphaGo Zero 就以 89:11 的比分击败了 AlphaGo Master。

AlphaGo 的成功可归结于机器学习与人工神经网络相结合而产生的深度学习的应用，以及超强的算力。AlphaGo 的计算系统连接着上千个 CPU（中央处理器）和上百块 GPU（图形处理器），其能耗接近人脑的 5 万倍，而计算能力是当年 IBM 深蓝计算机的 3 万倍。

李世石对战 AlphaGo　　　　　　柯洁对战 AlphaGo Master

AlphaGo 通过两个神经网络"大脑"的合作来改进下棋。其中：一个大脑是基于监督学习的策略网络，相当于"落子选择器"，负责观察棋盘布局，预测每一个合法下一步的最佳概率；另一个大脑是价值网络，相当于棋局评估器，负责预测每一个棋手赢棋的可能性。利用价值网络计算棋局，用策略网络选择落子，两个大脑分工合作，战败了所有人类棋手。

从采用的人工智能技术看，深蓝与 AlphaGo 的本质区别在于：深蓝采用的是基于专家系统的人工智能，而 AlphaGo 则是基于神经网络和深度学习技术的人工智能。

专家系统需要人类将提炼好的知识输入计算机的知识库，设定下棋规则，而计算机只是按照既定的规则和逻辑对知识库进行检索，从而给出最佳答案的系统。在棋类游戏方面，人们总是先设想对手下一步棋可能会怎么下，然后再预想自己可以用什么样的棋来回应。能够预想的情形越多，获胜的可能性就越大。由于深蓝具有强大的计算能力，所以它能够针对每一步棋将所有可能性都找出来（即暴力穷举）进行比较，然后根据人类给定的有效性评价函数，计算得出最好的一步棋。可以看出，深蓝之所以能战胜国际象棋大师，主要是基于两点：一是人类赋予它丰富的国际象棋知识；二是巨大的算力。所以深蓝是在人类的"教导"下学会了下棋，再以其超强大的计算能力战胜了人类。

尽管 AlphaGo 具备更为强大的计算能力，但是 AlphaGo 靠的是自身的学习能力，人类甚至不需要教它任何围棋的基本规则、定式、赢棋诀窍等。AlphaGo 是"看着"人类下棋后自己就学会了下棋！这也意味着，它既然能"看会"围棋,也能"看会"人类的其他任何游戏并成为高手。

课题 8　智能内容生成

当前,由人赋予人工智能机器特定的言语环境,如关键词、格式、上下文、时间、空间、情景、对象等,让机器自动生成新闻稿、开幕词、闭幕词、贺词、悼词、论文摘要、三字经、百家姓等格式化特点较强的文字内容,已经屡见不鲜。而让人工智能从事短小散文、古诗词、绘画、音乐等艺术创作,则是难度更大的考验,近年来,人工智能大模型自

AI生成图文

动生成内容（AIGC）的尝试已取得令人刮目相看的成果。

（一）AI 诗歌创作

中国古典诗歌是中华民族两千多年来思想、文化、精神、情感的一种艺术体现。让计算机自动"创作"出堪与古诗媲美的诗歌,是一项非常有挑战性的任务。清华大学自然语言处理与社会人文计算实验室研发的"九歌"诗词创作系统是目前最有影响力的诗歌创作系统之一,具有多模态输入、多体裁多风格、人机交互创作模式等特点,支持集句诗、绝句、藏头诗、词等不同体裁诗歌的在线生成,如下图所示。

用"九歌"进行古诗词创作非常简单快捷,只需要输入关键词、句子等,并选择要创作的文体,系统就可以自动生成一首符合古诗创作要求的作品。创作的诗词在押韵、平仄、对偶、粘连等方面均能基本满足规则,而且系统自带修改功能,可以人工微调,对创作进行评分。通过人机交互,既可以帮助系统进行深度学习,提高创作水平,也可以显示相似的古人诗作,分享用户自己的作品。

"九歌"诗词创作系统

　　例如,以"冬雪"为关键词,选"渺远孤逸"风格,"九歌"诗词创作系统创作的五言绝句如下:

五言绝句

以"秋雨"为关键词,选"萧瑟凄凉"风格,"九歌"诗词创作系统创作的七言绝句如下:

七言绝句

以"春夏秋冬"为关键词,情感分别选"喜悦"和"悲伤","九歌"诗词创作系统创作的两首五言藏头诗如下:

生成结果
春风吹暮雨
夏日半生愁
秋冷猿声断
冬深气气浮

(a) 喜悦

生成结果
春风吹煦日
夏木报佳辰
秋意欣逢闰
冬深始见人

(b) 悲伤

五言藏头诗

古诗词爱好者们可以体验一下"九歌"诗词创作系统的律诗、集句诗和词等创作形式。

善解人意的机器人

在未采用人工智能技术之前,针对中国古典诗歌自动生成的一些工作在韵律和关键词方面有一定的基础,但在风格、上下文关联性、语义连贯性方面还比较欠缺。"九歌"诗词创作系统采用了新的深度学习技术,结合多个为诗歌生成专门设计的模型,基于超过 80 万首人类诗人创作的诗歌进行训练学习。"九歌"诗词创作系统背后的重要模型主要包括:基于显著性上下文机制的诗歌生成模型,旨在解决自动生成的古典诗歌在上下文关联性方面有所欠缺的问题;基于认知心理学原理的工作记忆模型,重点解决诗句与主题建立关联的问题;基于互信息的无监督风格诗歌生成模型,其作用是给出一个关键词,就能生成不同风格的诗歌。

"九歌"诗词创作系统是自然语言处理的杰作,尽管该系统对古诗的典故还没有掌握,但其诗词创作能力已经相当不错。利用"九歌"诗词创作系统创作属于自己的诗词,可以培养人们对古诗词的兴趣,让人们体会人工智能在诗词艺术中的应用,对提升人们的诗歌理解能力大有裨益。

(二) AI 绘画创作

人工智能在艺术领域的学习与创作能力正以蓬勃之势不断刷新我们的认知,同时也让公众对科技与艺术及文化的融合创新有了更大的想象空间。2022 年,基于文本生成图像的 AI 绘画模型得到突飞猛进的发展。在仅仅半年多的时间里,国外诞生了如 Midjourney、DreamStudio、Disco Diffusion、DALL·E 等平台,让人应接不暇。

2022 年 9 月 1 日,百度在 2022 世界人工智能大会上推出的 AI 艺术和创意辅助平台"文心一格"正式亮相,吸引了业界和公众的广泛关注。使用者只需输入自己的文字描述,并选择期望的画作风格,"文心一格"就能快速生成相应的画作。目前,该平台已经支持国风、油画、水彩、水粉、动漫、写实等十余种不同风格高清画作的生成,并支持不同的画幅选择。

"文心一格"AI 艺术和创意辅助平台

　　"文心一格"面向的用户人群非常广泛。它既能启发画师、设计师、艺术家等专业视觉内容创作者的灵感,辅助其进行艺术创作,还能为媒体、作者等文字内容创作者提供高质量、高效率的配图。此外,"文心一格"更是为大众用户提供了一个零门槛绘画创作平台,让每个人都能展现个性化格调,享受艺术创作的乐趣。

　　例如,分别输入"春天、杨柳、桃花、小河流水""夏日、荷花、池塘""秋天、落叶""冬天、大雪、山丘","文心一格"会创作出多幅不同风格的画作,下面是其中的 4 幅。

(a) 春　　　　　　　　　　　　(b) 夏

(c) 秋　　　　　　　　　　　　(d) 冬

春、夏、秋、冬四时景 AI 绘画创作

　　据媒体报道,"文心一格"与《时尚 COSMO》杂志合作,一起打造了时尚 COSMO 中国版 AI 特别专题的封面,完成了中国六大传统节气的主题绘画,下图是立秋、秋分、霜降 3 个节气的创作结果。借助于"文心一格"强大的语义理解和图像生成能力,《时尚 COSMO》的团队通过"超现实""结构""立秋""处暑"等关键词生成了多个适合封面场景和状态的背景,以及多幅水墨画和原创诗句。这是国内首次由 AI 作为时尚杂志的主创人员,参与时尚杂志的内容制作。

COSMO 中国版 AI 特别专题的封面

"文心一格"背后的人工智能技术支撑是"跨模态大模型技术"。百度研发了支持 AI 作画的文生图系统,提供了从用户需求理解到满足的全流程解决方案。首先,基于知识理解用户需求并在此基础上丰富语义细节;其次,基于扩散生成算法实现创意写实与恢宏构图的艺术画作生成;最后,基于跨模态匹配大模型进行生成画作的结果排序,自动选出语义与美观度最佳的画作。

主 题 三
智慧社会下人工智能的伦理、安全与发展

第五单元　智慧社会的典型场景

　　人工智能技术在各个领域的普遍应用正在为千行百业赋能,各种应用场景日益丰富,从而形成了集成了多种具有人工智能基础设施和服务的智能生态系统——智慧社会。

　　智慧社会是一种创新、协同和开放的新型社会形态,它的核心理念是以人为本,以技术为支撑,以数据为驱动,通过高效协同和开放创新,实现人类社会的可持续发展。

　　在智慧社会中,人工智能的发展和应用面临着许多伦理、安全和发展问题,需要政府、企业和社会各方共同努力,制定相应的政策和规范,以确保智慧社会的安全、公平和可持续发展。

　　智慧社会中的千行百业都具有很高的智能化水平,人们可以通过各种智能化设备和智能化系统实现高效的工作、学习和生活。下面我们就一起来了解几个典型的人工智能应用场景。

课题 1　智 能 家 居

　　智能家居针对未来家庭生活中家电、饮食、陪护、健康管理等个性化需求,通过传感器、物联网和人工智能等技术,将家庭中的各种设备和系统进行互联互通,以为我们提供更加舒适、便捷、安全的智能化生活方式。

（一）智能家居的生活场景

智能家居的应用场景非常广泛,例如家用设备的控制、家居环境监测、家庭安防监控、个人健康管理等。下面就为大家描述一下典型智能家居的生活场景。

清晨,闹钟响起。你打开手机 App,向智能音箱发出"起床"的指令。智能音箱立刻回应:"好的主人,我已经为您打开了窗帘。"随着窗帘缓缓拉开,阳光透过窗户洒进房间,让人感到温暖舒适。出门前,你向智能音箱询问了今天的天气情况。

下午,你结束了一天的学习回家,走到家门旁边,智能门锁识别你的脸后自动解锁,让你进入家中。然后,你走到沙发上坐下来,说了一句"打开音乐",智能音箱便开始播放你想听的音乐。

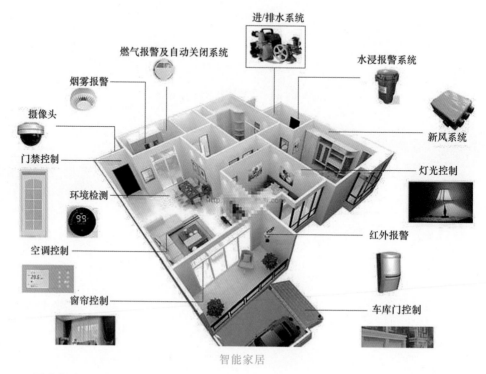

智能家居

（图片来源:https://m.sohu.com/a/161654533_99933237?_f＝m－article_30_feeds_14）

傍晚,你打开冰箱门取出食材,打开手机 App 选择一道菜谱并开始烹饪。厨房里的烤箱、电饭锅、电蒸锅等设备全部启动。不一会儿,一道美味的晚餐就做好了。餐后,洗碗机开始工作。

晚上 10 点半,你准备睡觉了。走进卧室后,智能床会自动调整好床铺的高度和硬度。此时,你可以通过手机 App 关闭所有灯光和电器设备,并为智能音箱设置好定时关机。最后,你说了一句"晚安",随着灯光逐渐熄灭,柔和舒缓的音乐轻轻响起,智能床的按摩功能自动开启。

(二) 智能家居的环境监测

家是人们日常生活的主要场所,因此家居环境的质量对人们的健康和安全具有重要影响。一些常见的家居环境问题包括空气污染、噪声污染、辐射污染等。这些问题可能会导致身体不适、疾病等,因此对家居环境进行监测是非常有必要的。智能家居通过传感器等设备实时监测室内温度、湿度、空气质量等各种参数,并将数据传输到云端进行分析处理。通过对家居环境的监测,我们可以及时了解室内环境的变化情况,从而采取相应的措施来改善室内环境质量,提高居住舒适度和健康水平。

家居环境监测的应用场景主要有以下几个。

温湿度控制:通过监测室内温度的变化情况,可以调整空调或加热器的运行模式,从而使室内温度令人感到更加舒适。通过监测室内湿度的变化情况,可以调整加湿器或除湿器的运行模式,从而使室内湿度令人感到更加舒适。

智能照明控制:通过监测室内光线强度的变化情况,可以自动调节灯光亮度和色温,从而实现令人更加舒适的照明效果。

空气质量监测:空气质量直接影响到人们的呼吸系统和健康。为了监测空气质量,可以使用空气净化器测量空气中的各种污染物,例如 $PM_{2.5}$、二氧化碳、甲醛、苯等。

噪音监测：噪声污染会导致听力损伤、失眠、情绪不稳定等问题。为了监测噪音水平，可以使用噪音测量仪监测居室的噪音水平，白天应将室内的噪音水平控制在 40～50 分贝之间，晚上则应控制在 30～40 分贝之间。

随着物联网和智能家居的普及，家居环境监测将变得更加智能化和自动化。未来，智能家居系统将能够通过传感器和物联网技术自动监测家居环境，并根据需要进行自动调节。例如：当室内空气质量变差时，智能空气净化器将自动开启；当室内噪音水平过高时，智能窗户将自动关闭。

智能空气净化器

（图片来源：https://www.sohu.com/a/332292827　120072572)

此外，随着人工智能技术的发展，智能家居系统还将能够通过机器学习和数据分析技术对家居环境进行更精确的监测和预测。例如，通过对历史数据的分析，智能空气净化器将能够预测何时需要更换滤网，从而保证最佳的空气质量。

（三）智能家居的健康管理

在互联网、智能穿戴等技术的支持下，智能家居在健康管理方面大有可为。

目前，监测血压、脉搏、体温、血氧、血糖、心电、体重等的物联网健康监测设备已经越来越成熟，随着以手环为代表的可穿戴设备不断普及应用，以前只有在医院才有的各类检查设备都可能做到微型化，我们只需要采集自己的多种生理数据并将其上传到云端，就可以通过云计算将异常指标过滤出来，通过短信、App 信息等方式为我们提供实时的健康指导。

未来，智能家居还可以为我们提供个性化的健康生活方式管理方案。例如：智能床具的床垫和枕头感应系统会根据用户的脊柱曲线和睡姿，自动调整枕头的高度和床垫的曲线，确保用户的睡眠质量；智能化厨房系统会根据用户预先输入的健康数据、口味习惯等，自动为用户推荐膳食营养方案；智能沙发、智能座椅会根据用户的身高、脊柱等改变其自身高度和支撑系统，为用户提供正确坐姿的支持，同时会依据坐的时间定时提醒用户起身活动，改善用户久坐不动的不良习惯；智能家用健身器械会通过体感系统及各类传感器，对用户运动过程中的脉搏、血压、呼吸、体位、力量等进行实时监测，并发出提示指令。

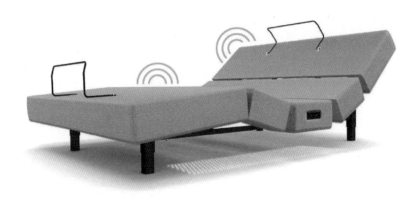

智能床

（图片来源：https://www.sohu.com/a/468208670_100175166）

随着物联网、人工智能、5G 等新型技术的飞速发展，智能家居正在从"单品智能化""物联网＋家居场景"阶段，进入当前的"人工智能＋家居场景"的"智能"阶段。可以预见，在不远的将来，集系统、结构、服务、管理、控制于一体的智能家居将帮助我们实现更加高效、舒适、安全、便利、节能、健康、环保的家居环境。

课题 2 智能教育

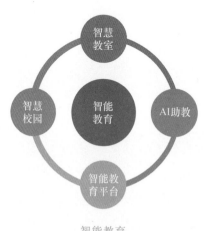

智能教育

智能教育是指利用人工智能、大数据等先进技术，为学生提供个性化、智能化的学习资源和教学方法，以提高学习效果和学习兴趣的一种新型教育方式。目前，人工智能在教育领域的应用已经渗透到教育环境、教师助理、教育评价、教育管理与服务等诸多领域，AI赋能教育将给我们的学习带来很多改变。此外，智能教育还可以为不同地区的学校提供平等的学习资源，促进教育均衡发展。

（一）智慧教室

智慧教室是一种充分利用传感技术、物联网技术、人工智能技术、多媒体技术、虚拟技术和云计算技术，创建适合学生学习和教师教学的新型教室环境。

智慧教室装备了多种智能设备，如智能黑板、智能投影仪、智能音箱等，这些设备能够提高教学内容的呈现效果，促进师生之间的互动和交流，提高学生的学习参与度和教学效果。

智慧教室通过物联网技术和智能传感器等设备，对教室环境进行实时监测和管理，包括温度、湿度、光线等环境因素的调节，以及用电设备的智能控制等，以提高学生的学习舒适度和节能效果。

通过云计算技术和网络技术,智慧教室可以实现学习资源的共享和获取,学生可以通过教室内的计算机、平板电脑等设备方便地获取各种学习资源,包括课件、图书、视频等。

通过虚拟现实(VR)、增强现实(AR)和混合现实(MR)等虚拟技术,智慧教室可以实现虚实融合的生动场景,使学生获得身临其境的沉浸式学习体验。

此外,智慧教室还能通过物联网技术和智能传感器等设备,对教室内的情境进行感知和分析,包括学生的人数、学习状态、学习行为等,以便教师根据实际情况调整教学策略,提高教学效果。

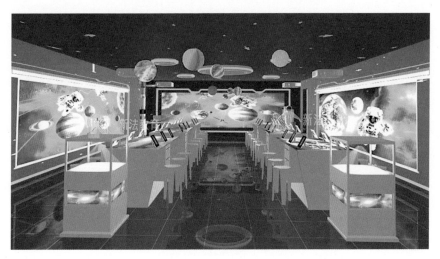

智慧教室

(图片来源:https://www.sohu.com/a/491984598_120664547)

(二) 智能助教

智能助教是人工智能辅助教学的简称,指的是一种利用人工智能技术来辅助老师进行教学工作的软件工具,常称为 AI 助教。AI 助教可以在教育教学中发挥很大的作用,包括辅助老师进行教学准备,辅助老师完成各种教学任务,提供个性化的教学辅导等。

在辅助备课方面,AI助教可以分析每个学生的课堂掌握情况,自动统计出全班学生对于这堂课程的整体掌握率,分析所有学生的数据之后,把相关的教案、课件、讲课视频、学生掌握不好的知识点精准地推荐给老师,节省老师大量的分析和备课时间。

在教学方面,AI助教可以在课堂上帮助学生更好地理解知识点,例如:在学习立体几何时,一些立体感比较差的学生很难想象出实际的图形情况,AI助教可以调出相关的视频资料,帮助学生建立三维空间概念;在上英语课时,AI助教可以一对一地矫正学生的发音。此外,AI助教还可以替教师为学生答疑、批改作业、评价学生的作文。对于线上学习的情况,AI助教能记录孩子在线上做错的题目,并推荐类似的题目。

(三) 智能教育平台

智能教育平台是一种基于人工智能技术的新型教育工具,它的功能包括教、学、练、测、评各个方面。

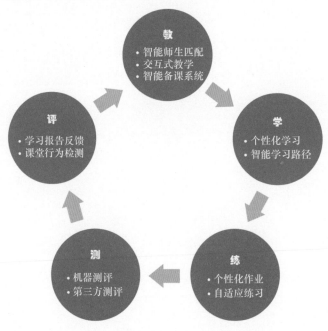

智能教育平台的功能

交互式教学：智能教育平台可以提供多种形式的交互式教学方式，例如在线讨论、小组协作、问答互动等，通过这些方式可以增强学生与教师、学生与学生之间的互动，提高教学效果。

个性化学习：智能教育平台可以通过分析学生的学习情况和兴趣爱好等信息，为学生提供个性化的学习计划和课程推荐。平台上的教学内容可以根据学生的不同需求进行定制化设计，以满足不同学生的需求。

智能作业：智能教育平台可以自动为学生布置、批改和反馈作业，同时还可以根据学生的作业情况进行分析和评估，帮助学生及时发现学习中的问题，并提供相应的解决方案。

智能评估：智能教育平台可以提供多种形式的评估和测试，包括在线考试、口语作业、课堂表现等，通过对学生学习情况的实时监测和评估，教师可以更加准确地了解学生的学习状况，并及时调整教学策略。

数据分析和报告：智能教育平台可以收集并分析大量的教学数据，包括学生成绩、作业完成情况、课堂表现、学校的教学成果等。通过数据分析和报告功能，教师可以更加全面地了解学生的表现和进步情况，以便进行更加精准的教学决策；学校可以通过全校教学质量状况，采取改进措施，提高整体教学质量。

课题 3　智 慧 安 防

智慧安防应用人工智能、云计算、大数据等技术手段，对安全防范系统进行全方位的监控、预警、防控、处置，使得人们的生活更加安全、方便和舒适。智慧安防系统主要包括智能门禁、智能监控和智能报警 3 个子系领域，主要应用领域包括交通、教育、金融、商超、家居、医疗、物流等。

智慧安防的应用领域

（一）智能门禁系统

目前，智能门禁系统广泛应用于企业、政府、学校、医院、住宅等场景，是现代安防系统的重要组成部分。

智能门禁系统主要由门禁控制器、读卡器、门禁卡、感应器、通信线路和计算机等组成，主要功能包括门禁控制、人员出入管理、考勤管理等。

智能门禁

门禁控制是智能门禁系统的基本功能。在安装智能门禁系统前，需要设置用户和管理员，并在系统中授予管理员权限。当用户要进入受控区域时，需将门禁卡放在读卡器上，读卡器会读取卡片信息。如果卡片信息和系统中设置的一致，门禁控制器会控制门打开，确保只有经过授权的人员才能进出。

人员出入管理是在门禁控制的基础上，实现对人员进出的记录、查询、统计等功能。以企业员工出入管理为例，当员工需要进出企业时，只需要刷一下含有个人信息的安全通行证件，门禁系统就会自动识别并开门,同时记录员工的进出时间等相关信息。

考勤管理则通过门禁系统与考勤系统对接,实现对员工考勤的自动记录和统计,以提高考勤管理的效率和准确性。

随着生物识别、人工智能、云计算等技术的不断发展,智能门禁系统正变得更加智能化。一方面,人脸识别、指纹识别、虹膜识别等生物识别技术越来越多地应用于门禁系统,进一步提高了门禁系统的安全性和识别准确性;另一方面,网络化也正在成为智能门禁系统的重要发展方向,通过将门禁系统与互联网连接,可以实现对门禁系统的远程管理和控制。

（二）智能监控系统

智能监控系统主要由摄像机、编码器、智能监控平台和分析软件等组成。通过摄像机对指定区域进行视频采集,并将信号传输到显示设备上,以便实时监控和查看分析;通过使用人工智能技术来分析和识别视频图像,以提高监控的效率和准确性。

智能监控系统不仅可以实现全天候的监控,并且可以自动识别各种异常情况,比如人流量、物品遗失、火灾等,并及时发出警报或通知。这不仅可以提高安全性和管理效率,还可以减少人工干预和误报率,降低监控成本和人力成本。

智能监控标识

智能监控可以应用于家庭、企业、公共场所等各种场景。家庭智能监控系统可以帮助家庭成员监控家里的情况,比如监控孩子、老人、宠物、贵重物品等,确保家庭安全和便利。企业智能监控系统可以帮助企业管理生产和办公场所的情况,比如监控员工行为、保护企业财产和机密信息、监控生产流程和效率等,提高企业的安全性和生产效率。公共场所的智能监控系统可以帮助管理者监控人员和物品的流动情况,比如在机场、车站、商场、公园等场所,提高公共安全性和治安管理水平。

智能监控系统还可以实现多种扩展功能，比如行为分析、人脸识别、物体追踪等。这些功能可以使监控更加智能化和自动化，可以帮助用户更好地掌握安全情况，并快速响应任何潜在威胁。

（三）智能报警系统

智能报警系统是智慧安防的重要组成部分，主要包括传感器、控制器、报警器、监控系统。智能报警系统的应用场景非常广泛，下面是几个常见的应用场景。

家庭中的智能报警系统可以保护家庭安全，比如通过门窗传感器、烟雾感应器、水浸传感器等，可以及时检测异常情况，并自动触发声光报警器或拨通业主手机，警示可能发生的安全威胁或事故。

企业中的智能报警系统可以保护企业的财产和员工安全，比如通过红外线感应器、监控摄像头、门窗传感器等设备监控库存商品。通过智能化的分析和识别技术，智能报警系统可以自动检测异常情况，可以监控和防范盗窃、火灾等，并及时发出警报或通知相关人员，以便采取相应措施。

公共场所的智能报警系统可以保证学校、医院、商场等公共场所的安全和秩序，比如监控人流、预防犯罪行为、快速发现火灾等。通过使用智能报警系统，可以有效地提高公共场所的安全性和管理效率，保障人民生命财产安全。

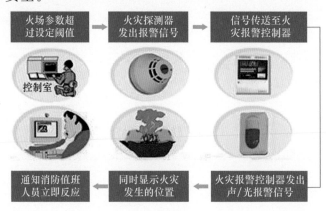

智能报警系统

课题 4　智 慧 交 通

　　智慧交通融入了人工智能、物联网、云计算、大数据、移动互联等技术,通过这些高新技术汇集各种交通信息,提供实时数据支持下的交通信息服务,包括信息的收集、处理、发布、交换、分析、利用等,可以为交通参与者提供多种实时、便利的服务。

(一) 智慧交通系统的组成

　　按技术层级划分,智慧交通系统可简单地分为感知层、通信层、平台层和应用层,下图描述了智慧交通系统的整体架构。

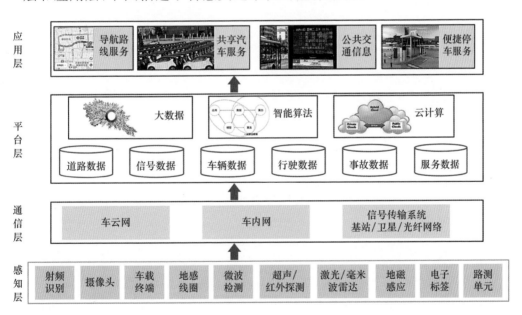

智慧交通系统的组成

　　感知层包括各种传感器和相关的软硬件设备,用于获取环境、车辆本身及驾驶员等信息,用于后续的应用决策。

通信层负责数据和指令的传输,包括用于车内传感器、设备之间数据传输的车内网,车辆与云端进行数据传输的车云网,以及用于支撑通信的软硬件系统及设备,如基站、卫星和光纤网络等。

平台层负责对接收到的道路数据、信号数据、车辆数据、行驶数据、事故数据及服务数据等,通过智能算法进行分析、挖掘和计算,从而为决策应用提供支撑。

应用层负责提供面向普通用户的服务体系,以及面向管理层的管理与决策支持体系。普通用户能享受到的服务包括路线导航、共享打车、公共交通信息及停车服务等。为了便于管理和应急处理,智慧交通还需要强大的管理与决策支撑系统,例如运营车辆及特种车辆监管、公交智能调度、道路综合管理等运输管理体系,缴费、信号灯控制、交通流量监控、交通指挥调度等交通管理体系,以及交通管理仿真、交通决策制定等运营决策支持体系。

(二)智慧交通的典型应用场景

智慧交通的应用场景非常丰富,例如智能交通信号灯、智能导航、自动驾驶汽车、智能交通管理、交通指挥中心、交通事故处理、智能公交、电子收费等都是典型的智慧交通应用场景。

智慧交通信号灯:利用人工智能技术对交通流量数据进行实时监测和分析,可以动态调整交通信号灯的配时,减少车辆等待时间,提高道路通行效率。

智能导航:利用人工智能技术实现实时路况信息的精准预测和路径规划,提高导航的准确性和可靠性。

自动驾驶汽车:自动驾驶汽车能够辅助驾驶员驾驶汽车或替代驾驶员自动驾驶汽车。通过安装在汽车车身上的各种传感器,如摄像头、激光雷达、超声测距、红外探测等,可以判断车与障碍物之间的距离;遇到紧急情况,车载控制器能及时发出警报或自动刹车避让,并根据路况自主调节行车速度,不仅大大提高了行车安全性,而且能有效缓解道路拥堵。

智慧交通管理:智慧交通管理系统能实时监测道路系统中的交通状况、交通事故、气象状况和交通环境,并根据收集到的信息实现对交通信号的控制,发布诱导信息,管制道路,处理事故与进行救援等,从而缓解交通拥堵或保障事故救援车辆顺利到达。

交通事故处理:通过人工智能技术实现交通事故的快速检测和定位,及时调度救援力量,保障交通安全。

智慧公交:通过人工智能技术可以实时监测交通状况,协调各线路的车辆数量,提高公交系统的效率。

电子收费:我们常见的路桥收费方式ETC就是一种电子收费方式。ETC系统主要由车内的射频收发系统以及高速公路入口处的收发系统组成,通过这两部分进行数据交换,然后经由网络将数据发送至银行结算系统进行结算,从而达到不停车就能缴纳费用的目的。

电子收费

智慧交通作为一种新型交通系统,可以提高交通效率和安全性,降低汽车能耗,缓解交通拥堵和减少交通事故。

课题5 智慧医疗

利用现代信息技术、人工智能技术和物联网技术,智慧医疗能够对医疗资源进行整合和管理,提高医疗服务的效率和质量,为患者提供更加便捷、高效、个性化的医疗服务。

（一）智慧医疗的典型应用场景

智慧医疗的应用场景非常广泛，主要包括以下几个方面。

电子病历：医生根据患者的病情给出检查和治疗方案，把这个医疗的信息记录下来就是病历，例如门（急）诊病历和住院病历等。电子病历以数字化的方式存储、管理、传输和重现患者的医疗记录，取代了手写的纸张病历。电子病例系统的内容包括首页、病程记录、检查检验结果、医嘱、手术记录、护理记录等，其中既有文字、符号、图表类信息，还有图形、影像类信息。

就诊服务：智能化就诊服务通过使用人工智能技术来优化患者就医流程，可减少患者就医时间。例如：通过智能化就诊服务系统，患者可以用手机 App 或医院官网进行预约挂号，查看自己的电子病历，了解自己的病史和诊断结果；患者可以通过智能导诊系统了解自己的病情，并根据病情选择合适的医生和科室；患者可以通过智能取药系统取药，避免排队等待。

远程诊疗：远程诊疗是一种通过互联网在线为患者进行疾病诊断和治疗的过程：首先，患者通过导医或专家进行在线咨询，被确认符合诊疗对象后，在线注册远程"个人电子病历"并提交；然后，专家组根据患者的电子病例进行远程诊疗；接下来，患者可登录个人电子病历查看专家作出的医学诊断报告和诊疗费用明细表；如果患者和家属认同治疗方案，可按照诊疗方案进行支付；最后，患者收到药物后按照诊疗报告使用说明开始使用。

智能辅助诊疗：智能辅助诊疗可以通过分析患者的病历、影像和其他数据，自动识别疾病、预测病情进展、推荐治疗方案等。智能辅助诊疗可以帮助医生更快地做出诊断和治疗决策，从而提高患者的治疗效果和生存率。

远程诊疗

（图片来源：摄图网）

药物研发：人工智能在药物研发中的应用越来越广泛。例如，利用技术分析大量数据，可以预测药物的效果和副作用，从而加速药物的研发。此外，人工智能技术还可以用于药物分子的设计和优化，帮助研究人员更快地发现新药靶点、筛选药物分子库，从而降低药物研发成本，提高研发效率。

（二）智能医疗设备

随着医疗系统信息化水平的不断提高，医院的医疗设备也越来越智能化。以下是一些常见的智能医疗设备。

智能病床：智能病床是一种集监测、监护、治疗等功能于一体的医疗设备。智能病床安装了多种医用传感器，可以实时监测患者的睡眠、血压等状态，以为医护人员提供远程智能分析和预警；智能病床还有丰富的护理监护功能，如辅助翻身、排便系统等，可有效减小医护人员的工作强度；此外，智能病床还具有治疗功能，如红外线治疗、雾化治疗等，能够满足患者的多种需求。

智能药柜：智能药柜是一种智能化的药品储存设备，它可以自动识别药品种类、数量、有效期等信息，并根据这些信息进行存储和管理。此外,智能药柜还能实现 24 小时无人售药,以及在诊疗机构场景内实现药品的无接触售卖。

智能输液泵:智能输液泵是一种能够准确控制输液速度和给药量的智能设备。它适用于需要严格控制输液剂量的情况,例如升压药物、抗心律失常药物等。如果存在药物不良相互作用的风险,或者患者自行将智能输液泵的参数设置在安全限制之外,智能输液泵还会及时提醒用户。

智能手术机器人:智能手术机器人是集人工智能、机器视觉、机械臂等技术于一体的手术器械,它可以通过成像系统提供高清逼真的 3D 图像,帮助医生划分需要切除的区域,协助医生完成手术操作。机械臂的操作能够实现更加精准的定位,还可以过滤医生手部的自然震颤,降低手术风险。

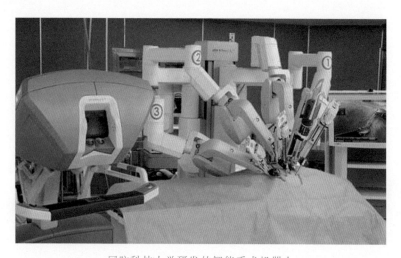

国防科技大学研发的智能手术机器人

(图片来源:http://mt.sohu.com/20170504/n491743395.shtml)

智能影像诊断系统:智能影像诊断系统主要用于 CT(电子计算机断层扫描)、MRI(核磁共振)等医学影像检查,它基于深度学习技术对数字化的医学影像进行分析和处理,可以自动识别病变部位、大小、形态等信息,并根据这些信息进行诊断和给出治疗建议,从而提高诊断的准确性和效率。

课题 6　智 慧 农 业

农业被称为第一产业。智慧农业是指利用物联网、传感器、云计算、人工智能等技术,实现农业生产的智能化、无人化和自动化管理。智慧农业的应用场景非常丰富,例如:

智能化种植:通过应用无人机、智能传感器、植物生长监测系统等,实现精准种植、精准施肥、精准灌溉等,提高农作物的产量和品质。

无人机农场作业

精准农业管理:利用物联网技术和人工智能算法,对农业生产进行监测和管理,包括土壤肥力监测、气象监测、病虫害预警等,提高农业生产的效率和质量。

智能化病虫害防治:应用物联网技术和人工智能算法,对农作物病虫害进行监测和预警,并自动控制喷药、施肥等操作,减少农药使用量,保护环境和农作物安全。

智能化收获管理:利用物联网技术和人工智能算法,对农作物收获、储存、加工等进行管理,提高农作物的附加值和利用率。

智能化销售管理:通过应用物联网技术和人工智能算法,对农产品的销售渠道、价格、销售量等进行监测和管理,提高农产品的销售效率和赢利能力。

人工智能技术为智慧农业的发展提供了强有力的支撑和赋能,下面通过 3 个农业细分领域的智能化场景,了解智慧农业的概貌。

(一) 智能感知体系

智慧农业的智能感知体系包括农田环境感知和作物状态感知:农田环境感知的目的是提取地形、面积、土壤肥力、土壤墒情、气候气象等数字化信息,为安排农事和指导农机操作提供基础;作物状态感知主要围绕作物的生长状态,获取行距、株距、株高、叶面积、健康状态、发育期、病虫害胁迫、田间杂草等动态生长信息。

人工智能技术在处理和识别上述信息方面得到了大规模应用。例如,在农田环境信息方面,通过对卫星遥感、无人机机载摄像头、多光谱和激光雷达等多种数据的融合与智能分析,可以得到地块、作物种类、出苗率、株高、墒情等基本信息。在作物生长状态信息方面,通过物联网和机器视觉技术可以对作物出苗、分叶(叶龄)、开花、果实成熟度、田间杂草、害虫、病害孢子等进行识别、分类、计数和目标监测,从而提供作物生长的精准信息。

(二) 自主作业农机

智能农机是解决农业精准作业需求问题和日益减少的劳动力人口问题的必然趋势,因此是智慧农业发展的主流。应用自动驾驶技术的农机可以实现描线识别与跟踪、田间避障、精准转弯、多机协作、应急避险等功能。在精准作业方面,应用机器人技术的智能农机能够围绕精准播种、插秧、施肥、喷洒等典型作业环节,精准控制农机具的起落、种-肥-药的动态配比、喷嘴开度、播种深度等。

自主作业农机的工作环境是未知的且动态变化的,这对农机的智能化水平提出了很高的要求。例如,在旱田工作的自主作业农机首先要根据地块特征、田间障碍物、农机-机具工况等具体情况,做出作业地块全覆盖和绕行障碍物路径规划算法,实现田间作业路径规划的高效率、低能耗;然后要综合农田环境感知、路径规划、路径自主跟踪等技术,实现旱田农机耕种管收作业自主驾驶系统。在水田工作的自主作业农机需要适应水田硬底层不平、频繁倒车和绕行等情况,还要结合各种环境感知信息,自主制定水田耕整、插秧、播种、精准施药(肥)等精准作业控制模型和作业控制策略,实现与自主驾驶协同的水稻生产自主精准作业。

太阳能供电的自主作业农机

(三) 农业专家决策系统

农业专家决策系统借助于深度学习、知识图谱等人工智能技术,可以实现农学知识库的自动化构建,将散落在网络数据、文本书籍、专家库中的知识进行聚合,形成统一的农学知识图谱,用于支持农业生产决策。

农业专家决策系统包括很多强大的功能,例如:

- 农业专家知识库中存储了各种农业问题的专业知识,这些知识可以包括生物学、化学、气象学、经济学等多个学科的信息。

- 农业专家决策系统中的智能模型可以用于预测气候变化、预测病虫害发生率、分析市场趋势等。

- 农业专家决策系统还能够对农业生产数据进行实时分析,这些数据可以包括气象数据、土壤温度、光照强度等。数据分析结果可以帮助农业专家做出更科学的决策,例如,种植哪些作物? 使用哪些化肥和农药? 何时收割?

- 农业专家决策系统提供的各种可视化工具可以帮助农业专家更好地理解复杂的数据,这些可视化工具可以展示气象数据、土壤温度、光照强度等,以便农业专家更好地理解这些数据。

此外,农业专家决策系统还具备与人类交互的能力,以便农业专家提出问题并获得系统的反馈。这种交互可以通过语音或文本界面实现。

课题 7 智 慧 工 厂

智慧工厂是一种集成了先进科技的现代化工厂。智慧工厂使用了多种关键技术,包括人工智能、物联网、大数据分析、云计算等多种核心技术。其中,人工智能技术可以通过算法和模型来操控各种自动化设备,完成重复的和繁琐的作业任务;物联网技术可以收集和传输大量的数据,并通过分析这些数据来提高智慧工厂的效率和安全性;大数据分析技术可以帮助智能工厂更好地洞察生产过程中的数据,从而做出更明智的决策;云计算技术可以更好地管理和优化数据存储、计算和分析等任务,从而提高生产效率和降低成本。

(一) 智慧工厂的典型应用场景

智慧工厂有许多典型的应用场景,例如:

智能制造：智慧工厂中的智能制造系统能够自动化完成从原材料到成品的整个制造过程，包括生产计划、调度、监控和维护等。这样不仅能大大提高生产效率，减少生产成本，而且还能够确保产品的质量和一致性。

数字化车间：智慧工厂中的数字化车间采用了各种传感器和控制系统，对生产过程中的各种参数进行实时监测和控制，从而实现了全面的自动化生产。数字化车间不仅可以提高生产效率，还可以降低生产成本，同时也能够确保产品的质量和一致性。

自动化仓储：智慧工厂中的自动化仓储系统采用了自动化仓储设备和人工智能技术，实现了货物的自动识别、入库、出库、分拣和交付等一系列操作。这样可以减少人工搬运和人为错误的发生概率，提高仓储效率和准确性。

自动化仓储

（图片来源：http://www.zgdysj.com/html/news/2019730/39412.shtml）

信息化协同：智慧工厂中的信息化协同系统可以实现各个部门和工序之间的信息共享和协同工作。通过使用物联网和传感器技术，信息化协同可以及时发现并解决生产过程中出现的问题，提高生产效率和质量。

可视化监控：智慧工厂中的可视化监控系统可以实时监测生产过程

中的各种参数和状态,并将这些信息呈现在相关人员的实时屏幕上。这样可以及时发现并解决生产过程中出现的问题,提高生产效率和质量。

机器人化生产:智慧工厂大量使用了各种机器人设备,包括冲压、焊接、搬运等。这些机器人设备不仅可以提高生产效率,还可以降低生产成本,同时也能够确保产品的质量和一致性。

机器人化生产

(图片来源:http://mt.sohu.com/20160416/n444463995.shtml)

智能化调度:智慧工厂中的智能化调度系统可以实时监测并控制整个生产流程,包括生产计划、物料采购、仓储管理等。通过使用人工智能技术,智能化调度可以更加准确地预测和调度生产过程,从而提高生产效率和质量。

(二) 数字孪生系统

数字孪生系统是一种数字化、智能化工具,用于在数字空间中创建一个或多个与实际系统或过程相对应的数字模型,这些数字模型非常贴近智慧工厂中的物理实体,就如同这些物理实体的"孪生"兄弟姐妹一般。因此,数字孪生系统能够从视觉、听觉、触觉等各个方面为人们提供沉浸式体验。

数字孪生系统在智慧工厂中有多方面的应用。

工厂监控与优化：数字孪生系统可以帮助工厂实现实时监控和优化生产过程。通过收集并分析生产数据，数字孪生系统可以诊断并解决生产中的问题，提高产品质量和效率。

预测性维护：数字孪生系统可以在设备运行过程中实时监测其健康状况，预测故障，并提前进行维护，减少停机时间，降低维护成本。

能源管理：数字孪生系统可以跟踪能源消耗和生产过程，帮助企业实现能源管理和节能减排。通过优化生产过程，降低能源消耗，数字孪生系统可以为企业带来可观的经济效益。

产品追溯：数字孪生系统可以在整个产品生命周期中跟踪产品的制造和质量控制信息，构建产品的"数字身份证"，实现产品全生命周期的追溯和管理。

虚拟展示：数字孪生系统可以通过数字化手段将工厂的设备呈现在虚拟空间中，供决策者进行实时监控和远程访问。这有助于提高企业的可视化程度，加强沟通和协作，降低运营成本。

数字孪生系统助力发动机设计

（图片来源：https://www.sohu.com/na/463136982_229282）

培训与教育：数字孪生系统可以为培训和教育提供有力支持。通过模拟复杂的工艺流程和设备操作，工作人员可以在模拟环境中练习并提高技能，为实际操作打下基础。

安全监控：数字孪生系统可以通过监测和分析与安全相关的数据，预测并响应安全事件，例如火灾、泄漏等，为企业提供更加精准的安全保障。

（三）黑灯工厂

数字孪生系统支持下的黑灯工厂（Dark Factory）是智慧工厂的一种类型，也称为无人工厂或数字化工厂。这种工厂几乎不需要员工，生产过程中的所有工序都由机器人和自动化设备完成，没有人工干预。因为这种工厂几乎不需要人类工人，所以可以关灯走人，把工厂交给机器操作，黑灯工厂的名字由此而来。这样的生产方式可以大大提高生产效率，减少劳动力成本，同时也能够确保产品的质量和一致性。

数字化工厂

课题 8　智慧港口

智慧港口是一种智能化物流系统，它不是简单地将传统的码头设施升级为智能设备，而是通过引入物联网、人工智能、大数据与云计算、先进制造等高科技手段，实现对港口物流各环节的智能监控、智能调度和智能服务，使港口运营更加智能化、自动化和信息化，可以大大提高港口的运营效率和服务水平,降低运营成本,提高港口的竞争力。

(一) 智慧港口的高新技术

在智慧港口中,物联网技术被广泛应用于各种设备和系统。例如:无人驾驶集装箱卡车可以自动识别货物并将其从堆场运送到船舶;传感器和监控系统可以实时监测船只的位置、速度和载重,确保安全的货物装卸;通过大数据分析,可以预测未来的货运需求,优化港口的布局和调度。

人工智能技术也在智慧港口中发挥了重要的作用。人工智能技术能够帮助港口管理者更好地理解和管理复杂的供应链网络,例如,应用智能调度系统,可以根据货物的属性、数量、目的地等信息,实现调度优化,提高运输效率和减少浪费。此外,利用人工智能技术对历史数据进行分析,可以预测货物的需求量和供应量,从而帮助港口制定更有效的库存策略。

信息技术是智慧港口建设的关键。智慧港口需要建设信息基础设施,包括通信网络、数据中心、云计算平台等。通过这些信息基础设施,智慧港口可以实现信息的互通互联,实现数据的共享和交换。智慧港口还需要建设物联网基础设施,包括传感器、RFID(无线射频识别)标签、智能终端等,实现对货物、设备、车辆等的实时监控和调度。

智慧港口还需要应用自动化技术。例如,智慧港口可以应用自动化设备和技术,实现货物的自动化装卸和搬运。这不仅可以提高工作效率,还可以减少人工操作带来的误差和事故。

北斗系统的发展也对我国港口的智能化升级起到了很大的促进作用,为智慧港口提供了更加准确的定位精度和更加安全的操作环境,释放了智慧港口的吞吐潜力。

（二）智慧港口的典范——洋山港

在我国有这样一座港口，上万个集装箱井然有序地排列在码头上，但是却空无一人，这就是我国现代化智慧港口——上海洋山港。

洋山港是中国最大的深水集装箱码头，其技术和管理水平在全球范围内都具有领先地位。通过引入先进的信息技术和自动化设备，洋山港实现了集装箱的智能识别、定位和管理，大大提高了工作效率和准确性。此外，通过人工智能和大数据技术的应用，可以实时监控港口的运行状态，预测可能出现的问题，提前进行预防和调整。

在洋山港，自动化装卸系统已经实现。无人驾驶的起重机和集装箱卡车穿梭于各个集装箱码头之间，精确地将集装箱从堆场搬运到船舶。这种无人化作业的方式既提高了装卸工作效率，又大大地降低了工人的安全风险，还能够减少人为错误。同时，自动化设备的使用也减少了对人力资源的依赖，使得港口能够应对大规模的货运需求。

智慧港口

（图片来源：https://kepu.gmw.cn/2017-12/11/content_27066282.htm）

洋山港采用了基于物联网的智能物流管理系统，利用物联网技术，实时监控货物的位置和状态，以及港口设备的状态。一方面，操作人员能够更好地管理货物流动；另一方面，通过数据分析和预测，可以及时发现设备的故障或老化,提前进行维护和更换,确保港口的正常运行。

此外,洋山港还采用了人工智能技术。人工智能技术可以用于对大量的数据进行分析,从而预测货物的需求和供应情况,帮助决策者做出更明智的决策;还可以用于优化仓库布局,提高存储空间的利用率。

上述高新技术的应用全面提升了上海洋山港的运营效率和服务水平。

第六单元　智慧社会面临的伦理、安全和发展问题

在智慧社会中,人工智能面临着许多伦理、安全和发展问题。在提供人工智能产品和服务时,应促进公平公正,充分尊重和帮助弱势群体、特殊群体;同时要保护个人隐私,保证 AI 产品与服务的安全可靠,保障人类拥有充分自主的决策权,确保人类对人工智能的掌控权。

课题 1　发展公平公正的人工智能

人工智能产品和服务应促进公平公正,坚持普惠性和包容性,促进社会公平正义和机会均等。在提供人工智能产品和服务时,必须充分尊重和帮助弱势群体、特殊群体,并根据需要提供相应的替代方案。

(一) 避免歧视与偏见

人工智能的开发应遵循公平公正、安全可靠、隐私保护、包容、透明、责任等原则。不同地域、不同年龄、不同性别、不同种族的所有人在人工智能面前都是平等的,不应该有人被歧视。所以,我们要观察和了解人工智能系统在进行决策时是否存在偏见和不友好现象,例如新闻推送的偏好选择、聊天机器人出现的语言偏见、性别偏见,老年人使用 AI 工具

时的困惑与不适,等等。

"数字鸿沟"　　　　　　　　　　　　　　　新华社发　朱慧卿　作

老人使用智能手机所遇到的困难

(图片来源:http://news.youth.cn/gn/202012/t20201226_12635238.htm)

人工智能通过对数据进行训练来提炼知识,因此训练数据是人工的"原料"。如果训练数据的代表性、多样性不够,不足以代表我们生存的多样化世界,会产生什么后果?以面部识别、情绪检测的人工智能系统为例,如果只对成年人脸部图像进行训练,这个系统可能就无法准确识别儿童的特征或表情,所以必须确保数据的代表性和多样性。此外,性别歧视或种族主义也可能悄悄混入训练数据。假设我们设计一个帮助雇主筛选求职者的人工智能系统,如果用公共就业数据进行筛选,该系统很可能会"学习"到大多数软件开发人员为男性,在确定软件开发人员职位的人选时,该系统就很可能偏向男性,尽管使用该系统的公司想要通过招聘提高员工的多样性。

(二) 坚持包容共享

人工智能技术为我们带来极大便利的同时,也给一些老年人带来了困扰。例如,银行的自助缴费机、医院的自助挂号机、商场的手机支付……为我们的生活提供了很多便利,但许多老年人面对这些智能设备束手无策。显然,这对老年人群体是不公平的!为了弥补这种不足,人工智能技术的开发设计人员应该认识到这些问题并采取措施来解决,以确保老年人能够从 AI 技术中获益并享受更好的生活。

例如,为了使 AI 工具对老年人更加包容,可以采取以下措施。

- 界面应该设计得简单、直观、易于操作,并提供大号字体、高对比度、简单的图标和按钮等,以便老年人能够轻松使用。
- 提供语音交互功能,让老年人可以使用语音控制设备或者让设备回答问题,避免他们打字或者触摸屏幕等不方便的操作。
- 根据老年人的特殊需求,提供个性化的服务,例如健康监测、语音讲故事、视频通话等。
- 提供一些安全保障措施,例如防止网络诈骗、提醒老年人吃药等,以保障老年人的安全和健康。

此外,应让 AI 工具能够学习老年人的使用习惯和偏好,并作出相应的调整,以提升老年人的使用体验。

课题 2　发展安全可靠的人工智能

人工智能的各类活动应充分尊重个人信息知情、同意等权利,保障个人隐私与数据安全,不得以窃取、篡改、泄露等方式非法收集利用个人信息。人工智能使用起来必须是安全的、可靠的、不作恶的。因此,人工智能系统需要遵守伦理准则,确保其决策符合人类的价值观和利益。

(一) 数据隐私保护

基于互联网的智能产品使我们的生活越来越便利,同时也带来了个人信息泄露的危险。

相信很多人都有过类似的经历：有人家里买了新房，房子还没收，各装修公司的电话就打爆了；有人开车出了剐蹭事故，还没修车，理赔款已被冒领；孩子刚上高三，各种高考培训班的电话就开始纠缠不休了。

我们的个人信息是如何在不知不觉中泄露的呢？除了人为倒卖信息的情况外，系统在数据隐私保护方面存在缺陷也是重要原因之一。首先，我们要谨慎使用一些公共场所的免费 Wi-Fi，特别是尽量不要在公共场所的无线网络下进行网银支付等操作。另外，我们也需要了解不法分子获取个人信息的常用渠道有哪些。例如：利用互联网搜索引擎搜索个人信息；向用户发送垃圾电子邮件，诱使用户透露个人信息；通过病毒和木马等恶意程序窃取用户密码；通过监控和扫码用户的计算机或手机，获取用户的上网习惯、地理位置等信息。

个人信息列表

随着人工智能的普遍应用，数据隐私和安全问题变得越来越重要。人工智能系统的设计需要考虑保护用户的数据隐私和安全，确保这些数据不会被非法获取或滥用。同时，我们自己也要增强个人信息保护意识，养成良好的上网习惯。例如：不要随意在社交媒体、网站等平台上公布个人敏感信息，如姓名、电话号码、家庭住址、身份证号码等；不要随意点击陌生链接，不要下载不明来源的软件；定期更改密码，不要使用相同的密码；安装杀毒软件和防火墙，及时更新软件补丁；如果发现个人信息被泄露,应及时报警并联系相关机构进行处理。

(二) 技术安全性

安全性和可靠性是人工智能非常需要关注的一个领域。一方面,人工智能技术可能会被黑客攻击或出现其他安全问题,因此需要加强对人工智能技术的安全监管,确保其安全性;另一方面,人工智能产品应安全可靠,不得威胁人类的生命安全。此外,人工智能系统的算法模型应具有可解释性,做出的决策应该是透明的,遗憾的是目前人工智能还很难做到这一点。

以自动驾驶车辆为例。前一段时间国外新闻报道了一个极为危险的案例:一辆行驶中的特斯拉系统出现了问题,车辆以每小时约 113 km 的速度在高速上行驶,但是驾驶系统已经死机,司机无法重启自动驾驶系统。

为什么对自动驾驶车辆系统安全性的监管如此放松? 这是因为人们过度信赖人工智能和自动化技术。事实上,任何技术都不是绝对可靠的,因此,在一些涉及人身安全的重要领域,人工智能产品的设计和使用必须得到严格控制。

深度学习技术是人工智能的重要领域。尽管深度学习的模型很强大,但是它存在不透明的问题。例如,在李世石和 AlphaGo 的围棋赛中,AlphaGo 下出的很多步棋都是人工智能专家和围棋职业选手根本无法理解的,换句话说,如果你是一个人类棋手,你绝对不会下出这样一手棋。所以到底深度学习的推理逻辑是什么,它的决策依据是什么,目前尚无法解释。

如果人工智能系统不透明或缺乏可解释性,就有潜在的不安全问题。当人工智能应用于一些关键领域,比如医疗领域、刑事执法领域的时候,人们就必须非常小心。假如某客户向银行申请贷款,银行拒绝批准贷款,这个时候客户就要问为什么,显然,银行必须给出一个明确的理由,而不能说"这是人工智能的决定,我们也不知道为什么"。

(三) 问责的难题

人工智能的问责制是一个非常有争议的话题。从道理来讲,无论是人还是人工智能系统,采取了某个行动,一旦做了某个决策,就应该为带来的后果负责。但在实践中,常常会遇到无法问责的难题。

还是以自动驾驶为例。人类开车时,人类承担责任,机器开车时,机器(厂商)承担责任,可是当人和机器一起开车时,难题就来了:如果自动驾驶汽车在路上发生交通事故,应该由谁来担责呢? 在美国旧金山曾发生过这样一个案例,一个喝醉的特斯拉车主直接进到车里打开了自动驾驶系统,睡在车里,然后这辆车就自动开走了。这个特斯拉车主认为,"我喝醉了,我没有能力继续开车,但是我可以让特斯拉的自动驾驶系统帮我驾驶,那我是不是就不违法了?"

自动驾驶

(图片来源:https://auto.huanqiu.com/article/9CaKrnJWoTY)

事实上,近年在美国已经出现了多例由自动驾驶系统导致的车祸。但机器代替人来进行决策,采取行动导致了不好的结果,到底该由谁来负责？对于这样一些案例，各国尚没有先例可以作为法庭裁决的法律基础。事实上，不仅是自动驾驶，还有其他很多领域，比如一个智能武器伤了人类，这样的案件应该如何裁定？

如今，以 ChatGPT、New Bing 为代表的 AIGC（AI Generated Content，生成式人工智能）类应用火爆全球，有人从中看到科技方向，有人从中发掘娱乐乐趣，有人从中寻觅商业价值，但不少国家和科技界人士开始意识到 AIGC 的风险，从而踩下刹车或按下暂停键。

据法律界人士分析，AIGC 类应用生成的内容"类人性"强，易引发诈骗类犯罪。聊天机器人能高度逼真地模拟真人口吻，容易让人产生信赖，对话人在接收"答案"时也在无意识中受到引导，易引发感情类、财产类诈骗。而且 ChatGPT 等 AIGC 类应用是对海量互联网信息的加工整合，信息真伪不明、道德边界感模糊。互联网上发布的娱乐八卦、网评等可能涉及个人隐私的信息，均可作为 AIGC 类应用的整合资源，且生成的内容以"检索结果"展示，易让用户误认为是"标准答案"。若用户不加甄别地使用、盲目引用未经核实的信息，可能涉嫌侮辱、诽谤、侵犯公民个人信息等侵害人格权类犯罪，并不因信息来源于互联网而排除刑事责任承担。

此外，AIGC 类应用还易引发侵犯知识产权类犯罪。例如，一些 AI 绘画应用涉嫌侵犯艺术家和版权方的肖像权和版权。一些 AI 语音合成应用涉嫌侵犯版权方的声音版权。因此，在 AIGC 领域，在鼓励创新和创造的同时，还需要注意尊重知识产权。

课题 3 发展人类掌控的人工智能

在发展人工智能的过程中，各类 AI 产品应增进人类福祉，坚持公共利益优先，促进人机和谐友好。必须保障人类拥有充分自主决策权，有权选择是否接受人工智能提供的服务，有权随时退出与人工智能的交互,有权随时中止人工智能系统的运行,确保人工智能始终处于人类掌控之下。

(一) 发展人机协同的 AI

有人认为,人工智能技术是一把双刃剑,在为人类带来很多益处的同时,也可能会带来一些危机。例如,很多岗位和职业会逐步消失,如银行出纳员、客户服务代表、电话销售员、股票和债券交易员等,甚至律师助理和放射科医生这样的岗位也会被智能软件所取代。

事实上,虽然人工智能的发展会导致一些岗位和职业的消失,从而引发失业问题,但同时人工智能的发展也会创造很多新的就业机会。因此,需要制定相应的培训和教育政策来帮助受影响的人群,帮助他们进行职业转型。

在智慧社会中,人机协同正在逐渐成为主流的生产和服务方式。人的自然智

人机协同

能与工具的人工智能的有机结合,使得人机协同与人机互助型工种不断增加。目前,随着 AIGC 等新型内容生产方式的出现,一些令人不安的预测出现了,例如,AI 将取代律师、程序员、插画师等职业。

以插画师为例,AI 绘画无法完全取代插画师,原因有以下几点。首先,虽然人工智能可以生成大量的符合标准的插画作品,但是它无法像插画师一样真正理解人类的需求和喜好,无法为人类带来真正的艺术和文化价值。其次,插画师通过手工绘画可以创造出独特的风格和创意,表现出更生动、温暖和富有感情的作品。而且插画师可以通过与客户沟通和互动,更好地理解客户的需求,并能够为客户量身定制符合其品牌形象和文化氛围的作品,为客户创造更大的商业价值。插画师不仅是在画图案或设计元素,更重要的是用作品来表达情感和思想。因此,虽然

AI绘画技术有其独特的优点,在某些方面对插画师提出了一定的挑战,但插画师的独特创造力和个性化的设计能力仍然是不可替代的。所以,创作能力强的插画师不用担心会被取代。

实际上,对插画师来说,AIGC的发展可以激发创意,提升内容多样性,降低制作成本,为人机协同工作增添了得心应手的智能工具。因此,智能工具的发展并非简单地"机器换人",而是使人的优势和机器的优势充分互补、相得益彰,从而实现人与AI工具共同成长。

(二) 防止利用 AI 作恶

AI技术也可能被用于恶意目的,对个人和社会造成危害。以下是几个利用AI技术作恶的典型案例。

假新闻传播:AI技术可能被别有用心的人用于生成和传播假新闻,通过智能算法在网络上散布虚假信息。这种假新闻可能引起社会不稳定、破坏政治稳定或操纵股票市场等。例如,在2016年美国总统选举期间,有人利用聊天机器人程序传播虚假新闻,以干扰选举结果。

滥用面部识别技术:面部识别技术已经被广泛应用于安全领域,例如,用于机场和银行的身份验证。然而,这种技术也可能被不当使用,例如,一些城市开始使用面部识别技术来追踪和惩罚违法行为,如闯红灯和吸烟等,这种应用侵犯了个人隐私。

滥用语音合成技术:语音合成技术已经被广泛应用于语音助手、虚拟角色和游戏等领域。然而,这种技术也可能被用于诈骗、欺诈或伪造证据等行为。骗子会利用人工智能技术生成与受害者相关的特定语音内容,通过电话或语音消息将其发送给受害者,诱骗受害者提供个人信息或转账。例如,在2019年有报道称,有人使用语音合成技术伪造了一个知名律师的声音,从客户那里骗取了数百万美元。

滥用AI换脸技术:骗子通过使用AI生成的人脸照片来模仿受害者的朋友或家人,从而骗取受害者的信任并获得钱财。

AI视频换脸技术滥用

（图片来源：https://www.maxlaw.cn/z/20200528/980072295453.shtml）

利用AI算法进行金融欺诈：机器学习算法可以用于检测金融欺诈行为。然而，这种技术也可能被用于欺诈行为，例如，有人使用机器学习算法来模拟交易过程，从而欺骗投资者购买虚假的股票或投资项目。

利用AI技术进行网络攻击：AI技术可以用于网络攻击，例如，有人使用机器学习算法来扫描网络，寻找易受攻击的设备或系统，然后利用漏洞进行攻击。这些攻击可能导致数据泄露、系统崩溃或经济损失等。

总之，尽管AI技术具有许多潜在的积极应用，但它也可能被用于恶意目的，因此，需要采取措施来确保这些技术的安全和合法使用。例如，针对AI诈骗，我们可以采取以下防范措施：在涉及钱款时，尽量通过电话、视频等方式确认对方身份；加强个人信息保护意识，不随意填写个人信息，以防被骗子"精准围猎"；特别是要提醒家中老人注意防范诈骗，接到不明电话、短信、社交网络信息时要保持警惕，不随意转账；骗子常常利用高额投资、中奖等诱惑来进行诈骗，不要相信这些不劳而获的机会。

课题 4　我国的 AI 法规

为保障人工智能技术及应用的健康发展，近年来我国从中央到地方出台了多部与人工智能技术相关的法律法规。其中,《新一代人工智能伦理规范》和《生成式人工智能服务管理办法(征求意见稿)》在人工智能产、学、研、用各界产生了重要影响。

(一)《新一代人工智能伦理规范》

2021年9月25日,国家新一代人工智能治理专业委员会发布的《新一代人工智能伦理规范》(以下简称《伦理规范》),提出在提供人工智能产品和服务时,应充分尊重和帮助弱势群体、特殊群体,并根据需要提供相应的替代方案,同时要保障人类拥有充分自主决策权,确保人工智能始终处于人类控制之下。

《伦理规范》提出了增进人类福祉、促进公平公正、保护隐私安全、确保可控可信、强化责任担当、提升伦理素养6项基本伦理要求,同时提出了人工智能管理、研发、供应、使用等特定活动的18项具体伦理要求。

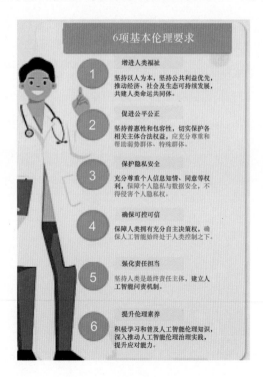

AI伦理规范要求

《伦理规范》提出，人工智能各类活动应增进人类福祉，坚持公共利益优先，促进人机和谐友好，同时应促进公平公正，坚持普惠性和包容性，促进社会公平正义和机会均等，在提供人工智能产品和服务时，应充分尊重和帮助弱势群体、特殊群体，并根据需要提供相应替代方案。

《伦理规范》要求，人工智能各类活动应保护隐私安全，充分尊重个人信息知情、同意等权利，保障个人隐私与数据安全，不得损害个人合法数据权益，不得以窃取、篡改、泄露等方式非法收集利用个人信息，不得侵害个人隐私权。

《伦理规范》还明确，要坚持人类是最终责任主体，在人工智能全生命周期各环节自省自律，建立人工智能问责机制，不回避责任审查，不逃避应负责任。积极学习和普及人工智能伦理知识，客观认识伦理问题，不低估不夸大伦理风险。

在研发方面，要增强安全透明。增强人工智能系统的韧性、自适应性和抗干扰能力，逐步实现可验证、可审核、可监督、可追溯、可预测、可信赖。要避免偏见歧视。在数据采集和算法开发中，加强伦理审查，充分考虑差异化诉求，避免可能存在的数据与算法偏见。

在供应方面，在产品与服务中使用人工智能技术应明确告知用户，保障用户知情、同意等权利。为用户选择使用或退出人工智能模式提供简便易懂的解决方案，不得为用户平等使用人工智能设置障碍。

（二）《生成式人工智能服务管理办法（征求意见稿）》

2023 年 4 月 11 日，国家互联网信息办公室起草了《生成式人工智能服务管理办法（征求意见稿）》（以下简称《管理办法》），向社会公开征求意见。

规范生成式 AI

在管理上，《管理办法》提出，利用生成式人工智能产品向公众提供服务前，应当按照

《具有舆论属性或社会动员能力的互联网信息服务安全评估规定》向国家网信部门申报安全评估,并按照《互联网信息服务算法推荐管理规定》履行算法备案和变更、注销备案手续。

在权责上,《管理办法》指出,通过提供可编程接口等方式支持他人自行生成文本、图像、声音等,承担该产品生成内容生产者的责任;涉及个人信息的,承担个人信息处理者的法定责任,履行个人信息保护义务。

在数据合规上,《管理办法》表示,提供者应当对生成式人工智能产品的预训练数据、优化训练数据来源的合法性负责。用于生成式人工智能产品的预训练数据、优化训练数据,应满足以下要求:符合《中华人民共和国网络安全法》等法律法规的要求;不含有侵犯知识产权的内容;数据包含个人信息的,应当征得个人信息主体同意或者符合法律、行政法规规定的其他情形;能够保证数据的真实性、准确性、客观性、多样性;国家网信部门关于生成式人工智能服务的其他监管要求。

同时,《管理办法》指出,提供者应当按照《互联网信息服务深度合成管理规定》对生成的图片、视频等内容进行标识。

此外,《管理办法》还指出,提供者应当建立用户投诉接收处理机制,及时处置个人关于更正、删除、屏蔽其个人信息的请求;发现、知悉生成的文本、图片、声音、视频等侵害他人肖像权、名誉权、个人隐私、商业秘密,或者不符合本办法要求时,应当采取措施,停止生成,防止危害持续。

实践活动参考课题

实践活动 1　AI 与天气预报

（一）教学目的及意义

在制作天气预报的过程中需要处理大量数据。本课题利用网络资源，通过调研传统天气预报方法在数据处理方面存在的不足和人工智能在解决同类问题方面取得的进展，了解人工智能在赋能天气预报方面存在的算力、算法等优势，加深学生对人工智能的认识，让学生感受人工智能的强大功能和对人类生产生活带来的影响。本课题以任务驱动方式引导实践教学活动，培养学生的综合素质，促进学生发现能力、展现能力和团队合作能力的提升。

（二）教学环境与条件

需提供个人或者小组上机、上网等教学环境与条件，具体包括计算机、互联网环境等。计算机上具备合适的浏览器，支持天气预报相关信息的查询。

（三）教学流程及任务

本教学实践活动包括调研、研讨、分享 3 个环节，学生首先进行分组,以团队合作形式完成实践教学任务。

1. 调研环节

在线搜索相关网络资源,了解天气预报需要处理海量数据的特点。

查阅资料,了解传统预报方法存在的不足和典型案例,了解人工智能在天气预报领域的应用情况和典型案例,调研情况填入表1。

表1　AI与天气预报调研情况

传统天气预报主要的不足及典型案例	人工智能赋能天气预报典型案例

2. 研讨环节

结合调研情况,运用所学知识,分析和思考人工智能赋能天气预报有哪些优势?哪些人工智能技术可以应用到天气预报领域?对人工智能时代的天气预报有哪些畅想和期待?以小组为单位进行交流研讨,记录并填写表2。

表2　AI与天气预报研讨情况

序号	人工智能赋能天气预报的优势	可以应用到天气预报领域的人工智能技术	对人工智能时代天气预报的畅想和期待
1			
2			
3			
...			

结合实践,撰写200字左右的短文,总结学习收获和体会。

学习收获和体会

3. 分享环节

每组选派一名代表分享学习收获和体会。指导教师进行点评和总结。

实践活动 2　机器翻译

（一）教学目的及意义

机器翻译是人工智能的典型应用。本实践课题的教学目的和意义是，组织和引导学生通过了解机器翻译有关知识，体验机器翻译软件功能，感受人工智能给人类生活带来的影响；以问题驱动方式引导实践教学活动，培养学生的综合素质，促进学生发现能力、实现能力、展现能力和团队合作能力的全面提升。

（二）教学环境与条件

需提供个人或者小组上机、上网等教学环境与条件，具体包括计算机、互联网环境等。计算机上具备合适的浏览器，支持在线翻译软件的检索与使用。课前准备中译本的英文读物，或者英译本的中文读物。

（三）教学流程及任务

本教学实践活动主要包括发现、实现、展现 3 个环节。学生首先进行分组，通过分组合作的形式完成实践教学任务。

1. 发现环节

通过在线检索机器翻译、在线翻译或其他关键词,了解机器翻译的概念,查找机器翻译软件及其功能,填入表 1。在此基础上,选定一款具有多种语言在线翻译功能的机器翻译软件,了解其使用方法,输入语言进行翻译体验。

在线翻译软件的即时文本翻译功能

表 1　我所了解的机器翻译

序号	机器翻译软件的名称	主要功能(如翻译文字、图片、音频、视频等)	翻译语言种类	信息来源
1				
2				

2. 实现环节

以下两个实践任务,任选其一。

① 选择一段读物中的文字,先拿翻译软件进行翻译,通过与原译本进行对比来分析机器翻译的优缺点,将相关信息填入表 2。

表 2　翻译软件与官方译本的对照分析

序号	读物中的文字	机器翻译结果	差异分析
1			
2			

② 各组运用选定的在线翻译软件连续进行多种语言翻译,观察汉语语义的变化,并将翻译结果记录下来,填入表 3。

表3　连续进行多种语言机器翻译记录表

次序	语言	语句	汉语语义
1	汉语		
2	英语　（翻译汉语语句）		
3	语言3　（翻译英语语句）		
4	语言4　（翻译语言3语句）		
5	语言5　（翻译语言4语句）		
6	梵语　（翻译语言5语句）		

在上述实践的基础上,各组运用所学知识分析多种语言连续翻译过程中汉语语义发生的变化,围绕机器翻译的主要优缺点、能否代替人工翻译、未来发展前景展望等进行研讨交流。在此基础上每组撰写一篇200字左右的短文,记录学习收获和体会。

学习收获和体会

3. 展现环节

每组选派一名代表汇报本组机器翻译软件的选择和实践情况,分享实践收获和体会。指导教师进行点评和总结。

实践活动3　机器学习

（一）教学目的及意义

通过建立数字分类识别项目，体验机器学习的过程；通过改变训练数据，了解数据在机器学习中的重要作用；通过多轮实验，分析决策树分类算法中参数的变化与训练数据的关系；在大量增加训练数据的过程中，感受机器算力对机器学习的重要性。本课题以问题驱动方式引导实践教学活动，培养学生的综合素质，促进学生发现能力、实现能力、展现能力和团队合作能力的全面提升。

（二）教学环境与条件

需提供个人或者小组上机、上网等教学环境与条件，具体包括计算机、互联网环境等。计算机上具备合适的浏览器或软件运行环境，支持使用一款具有决策树分类算法功能的机器学习软件。

（三）教学流程及任务

本教学实践活动主要包括发现、实现、展现3个环节。学生首先进行分组,通过分组合作的形式完成实践教学任务。

1. 发现环节

表 1 给出了决策树分类算法 3 轮实验的数据列表,其中训练样本分别标注为 A 和 No_A。

表 1 数值分类的训练样本、测试数据及分类结果

轮次	数据类型	1	2	3	4	5	6
	训练样本(A)	−100	1	2	3	0.1	
第一轮	训练样本(No_A)	97	98	200	400	101	
	测试数据	45	3.5	3.1	88		
	分类结果	A	A	A	No_A		
	训练样本(A)	−100	1	2	3	0.1	
第二轮	训练样本(No_A)	97	98	200	400	101	3.3
	测试数据	45	3.5	3.1	88		
	分类结果	No_A	No_A	A	No_A		
	训练样本(A)	−100	1	2	3	0.1	90
第三轮	训练样本(No_A)	97	98	200	400	101	3.1
	测试数据	45	3.5	3.1	88		
	分类结果	No_A	No_A	A	A		

在观察思考的基础上,以小组为单位围绕下列问题进行讨论:

① 3 轮实验的训练样本有哪些变化?

② 3 轮实验的测试数据是否有变化?

③ 3 轮实验的分类结果是否相同?

④ 在测试数据不变的情况下,分类结果为什么会有变化?

在各组讨论结束后,指导教师可以对上述问题进行集体解答。

2. 实现环节

各组选定一款具有决策树分类算法功能的机器学习软件,进行 3 轮数值分类实验,体验机器学习的功能,具体步骤包括:

① 建立一个数值分类实验项目,项目可命名为 SZFL,数值型变量可定义为 SZ。

② 进行第一轮实验。给出并标注训练样本 A 和训练样本 No_A,每组样本不少于 5 个;选择一组测试数据进行分类实验,记录分类结果,填写表 2。

③ 进行第二轮实验。对第一轮给出的训练样本进行适当调整,在此基础上选择与第一轮相同的测试数据进行分类实验,记录分类结果,填写表 2。

④ 进行第三轮实验。对第二轮给出的训练样本进行适当调整,在此基础上选择与前两轮相同的测试数据进行分类实验,记录分类结果,填写表 2。

表 2　数值分类实验数据及其结果

轮次	数据类型	1	2	3	4	5	6
第一轮	训练样本(A)						
	训练样本(No_A)						
	测试数据						
	分类结果						
第二轮	训练样本(A)						
	训练样本(No_A)						
	测试数据						
	分类结果						
第三轮	训练样本(A)						
	训练样本(No_A)						
	测试数据						
	分类结果						

上述实验结束后,以小组为单位围绕对机器学习的认识和理解、实践过程的收获和体会、对未来的展望和畅想等话题进行研讨交流。

每组撰写一篇 200 字左右的短文,描述学习收获和体会。

学习收获和体会

3. 展现环节

    每组选派一名代表汇报本组机器学习软件的选择和实践情况，分享学习收获和体会。指导教师进行点评和总结。

实践活动 4 智 能 识 物

(一) 教学目的及意义

利用网络资源,让学生通过相关软件体验人工智能识别文字、图像等功能,了解人工智能有关知识和应用场景,加深对机器学习的认识和理解,感受人工智能给生活带来的便捷;以问题驱动方式引导实践教学活动,培养学生的综合素质,促进学生发现能力、实现能力、展现能力和团队合作能力的全面提升。

(二) 教学环境与条件

需提供个人或者小组上机、上网等教学环境与条件,具体包括计算机、互联网环境等。计算机上应具有一些常用的网页浏览器。学生在课前应该具备一定的图片资源获取和存取能力,包括利用计算机搜索图片、操作截图、完成图片存储的能力;应该具备一定的文本操作能力,包括文本复制、粘贴等。

(三) 教学流程及任务

本教学实践活动主要包括发现、实现、展现 3 个环节。学生首先进行分组,通过团队合作的形式完成实践教学任务。

1. 发现环节

现在利用 AI 技术可以实现很多识别功能,既可以识别是什么物品,也可以识别物品的细节,如下图所示。

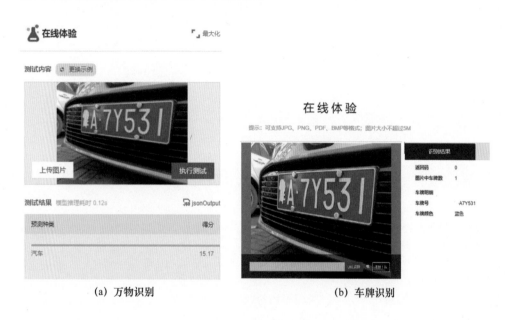

(a) 万物识别　　　　　　　　(b) 车牌识别

基于图像的智能识别案例

在线搜索具有智能识物功能的软件,了解其功能和使用方法,填入表 1。

表 1　我所了解的智能识物软件

序号	软件名称	主要功能	信息来源(网址)
1			
2			

2. 实现环节

运用人工智能软件体验智能识物功能,如植物识别、动物识别、文字识别、车牌识别等。观察识别效果,思考并分析智能识物运用了人工智能哪些技术(如图像识别、特征提取等)？实践过程有哪些感悟？智能识物可以有哪些应用场景(如物流领域包裹识别和分类、安防领域人员和车辆监控等)？未来会有哪些发展？围绕上述问题进行研讨交流,相关情况填入表2。

表 2　智能识物体验情况

次序	识别对象及效果	运用的人工智能技术	智能识物的应用场景
1			
2			
3			
4			
...			

在此基础上,每组撰写一篇 200 字左右的短文,描述学习收获和体会。

学习收获和体会

3. 展现环节

每组选派一名代表汇报本组智能识物软件的选择和实践情况,分享实践收获和体会。指导教师进行点评和总结。

实践活动 5　智 能 终 端

（一）教学目的及意义

　　智能终端是人工智能的重要载体和应用场景，可以通过搭载各种人工智能算法和模型来实现智能化功能。本课题结合学生生活体验，通过利用网络资源了解各类智能终端的功能，加深学生对人工智能及其应用场景的认识，让学生感受人工智能的强大功能和广泛应用前景，激发学生的学习积极性。本课题以问题驱动方式引导实践教学活动，培养学生的综合素质，促进学生发现能力、实现能力、展现能力和团队合作能力的全面提升。

（二）教学环境与条件

　　需提供个人或者小组上机、上网等教学环境与条件，具体包括计算机、互联网环境等。计算机上应具有一些常用的网页浏览器。学生在课前应该具备一定的图片资源获取和存取能力，包括利用计算机搜索图片、操作截图、完成图片存储的能力；应该具备一定的文本操作能力，包括文本复制、粘贴等。

　　每名学生都可以自带一台自己使用过或正在使用的智能终端设备。

（三）教学流程及任务

本教学实践活动主要包括调研、研讨、分享 3 个环节。学生首先进行分组，通过团队合作的形式完成实践教学任务。

1. 调研环节

① 话题讨论。学生参考下图，结合生活体验，围绕"我使用过的智能终端"话题进行讨论，看看大家对智能终端的认识有多少。

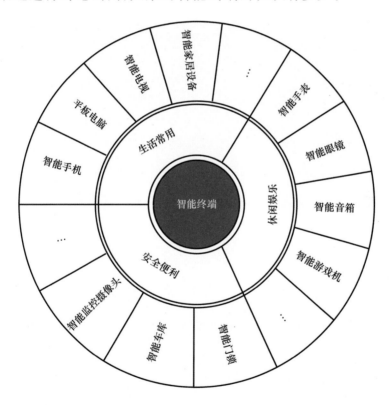

常见的智能终端

② 网络调研。利用网络资源，了解智能终端的概念，选择一个本组可操作的智能终端，了解其 1～2 个功能和应用场景，填入表 1。

表1　我所了解的智能终端

智能终端名称	功能序号	主要功能	应用场景
	1		
	2		

2. 研讨环节

结合调研情况,利用所选智能终端实现某种功能,分析其中运用了哪些人工智能技术?使用中发现其有哪些优点和不足?探讨未来还会有哪些发展?并围绕上述问题进行研讨交流。相关情况填入表2。

表2　研讨交流情况

智能终端	实现的功能	运用的人工智能技术	优点和不足	未来展望
	1			
	2			

结合实践体验,每组撰写一篇200字左右的短文,描述学习收获和体会。

收获和体会

3. 分享环节

每组选派一名代表汇报本组实践情况,分享实践收获和体会。指导教师进行点评和总结。

实践活动 6　AI 诗歌创作

（一）教学目的及意义

通过在线查找和应用相关资源，体验 AI 诗歌创作过程，感受人工智能的强大功能和魅力；以问题驱动方式引导实践教学活动，培养学生的综合素质，促进学生发现能力、实现能力、展现能力和团队合作能力的全面提升。

（二）教学环境与条件

需提供个人或者小组上机、上网等教学环境与条件，具体包括计算机、互联网环境等。计算机上具备合适的浏览器，支持 AI 诗歌创作软件的检索与使用。

（三）教学流程及任务

本教学实践活动主要包括发现、实现、展现 3 个环节。学生首先进行分组，通过分组合作的形式完成实践教学任务。

1. 发现环节

通过在线检索关键词"AI 作诗"，可以发现有很多 AI 创作诗歌的软件,下图为其中一例。

在线 AI 诗歌创作软件

每组至少查找两个以上线上资源,体验相关功能,填写表1。

表 1　我所了解的 AI 诗歌创作资源

序号	资源名称	主要功能	信息来源
1			
2			

2. 实现环节

各组把本组学生分成两个或两个以上小组,每个小组分别应用不同的 AI 诗歌创作资源,自选主题进行诗歌创作,多次体验后记录较满意的一个 AI 诗歌创作作品和对应的提示词。

提示词：
AI 创作的诗歌：

实践体验结束后，各小组围绕 AI 诗歌创作过程运用了哪些人工智能知识、存在哪些问题和不足、对 AI 诗歌创作前景有哪些展望等进行讨论。在此基础上，每组撰写一篇 200 字左右的短文，描述学习收获和体会。

收获和体会

3. 展现环节

每组选派一名代表汇报本组 AI 诗歌创作实践情况，分享实践收获、体会和展望。指导教师进行点评和总结。

实践活动 7　智 能 助 手

（一）教学目的及意义

利用网络资源，通过相关软件体验人工智能如何帮助人类了解信息、解答问题、完成任务等，了解人工智能有关知识和应用场景，感受人工智能的强大功能和魅力；以问题驱动方式引导实践教学活动，培养学生的综合素质，促进学生发现能力、实现能力、展现能力和团队合作能力的全面提升。

（二）教学环境与条件

需提供个人或者小组上机、上网等教学环境与条件，具体包括计算机、互联网环境，计算机上应具有一些常用的网页浏览器。学生在课前应该具备一定的图片资源获取和存取能力，包括利用计算机搜索图片、操作截图、完成图片存储的能力；应该具备一定的文本操作能力，包括文本复制、粘贴等。

（三）教学流程及任务

本教学实践活动主要包括发现、实现、展现 3 个环节。学生首先进行分组,通过团队合作的形式完成实践教学任务。

1. 发现环节

AI 可以在很多方面为大家提供帮助,实例如下图所示。

功能演示

请输入一段想分析的文本: 随机示例

一只猫仅仅追赶者一直老鼠,吓的老鼠发出奇怪的叫声。

还可以输入230个字

开始分析

分析结果

一只猫仅仅追赶者一直老鼠,吓的老鼠发出奇怪的叫声。

该文本中有3处错别字,已高亮显示

AI 帮助实现文本错误检测

在线搜索具有互动功能的人工智能软件,了解其中的某项功能和使用方法,填入表 1。

表 1　我所了解的人工智能软件

软件来源(网址)	主要功能	软件模块名称

2. 实现环节

各组结合选定的人工智能软件功能,设定 1～2 个需要解答的具体问题或需要完成的任务等,寻求人工智能帮助,体验软件功能,观察实际效果。运用所学知识思考并分析智能助手运用了哪些人工智能技术,实践过程有哪些感悟,人工智能还可以有哪些应用场景,未来会有哪些发展。围绕上述问题进行研讨交流。相关情况填入表2。

表 2　智能助手体验情况

问题或任务	AI软件完成情况	运用的人工智能技术

结合以上活动,每组撰写一篇 200 字左右的短文,描述学习收获和体会。

收获和体会

3. 展现环节

每组选派一名代表汇报本组人工智能软件的选择和实践情况,分享实践收获和体会。指导教师进行点评和总结。

实践活动 8　科技伦理与安全发展

（一）教学目的及意义

结合智慧社会面临的科技伦理、安全和发展问题,利用网络资源,通过相关软件的实践应用,体验人机合作,感受人工智能的强大功能和魅力,并树立科技伦理和安全发展意识。以任务驱动方式引导实践教学活动,培养学生的综合素质,促进学生发现能力、实现能力、展现能力和团队合作能力的全面提升。

（二）教学环境与条件

需提供个人或者小组上机、上网等教学环境与条件,具体包括计算机、互联网环境等。计算机上应具有一些常用的网页浏览器。学生在课前应该具备一定的文本操作能力,包括文本录入、复制、粘贴等。

（三）教学流程及任务

本教学实践活动主要包括发现、实现、展现 3 个环节。学生首先进行分组,通过团队合作的形式完成实践教学任务。

1. 发现环节

在线搜索具有人机合作完成故事编撰能力的智能软件模块,了解其功能和使用方法;围绕智慧社会面临的伦理、安全和发展问题,参考表 1 中给出的关键信息,设计一些引导故事编撰方向的提示文字,填入表 1,作为 AI 编撰故事的参考。

表 1　人机合作创作故事的提醒文字设计

序号	关键信息	提示文字
1	公平公正的人工智能	
2	安全可靠的人工智能	
3	人类掌控的人工智能	
4	符合科技伦理规范的人工智能	

2. 实现环节

各组将拟定的提示文字逐一提供给人工智能软件模块,等待其完成故事的编撰,检查故事是否满足提示文字要求。如果满足,则继续给它提供后续的提示文字;如果不满足,可以修改提示文字,再让 AI 软件重新编撰故事。每轮合作后,将 AI 软件输出的故事内容复制并记录在表 2 中。

表 2　与 AI 合作编撰的故事

关键词	提示文字	AI 编撰的故事
公平公正		
安全可靠		
人类掌控		
伦理规范		

结合上面的实践,每组撰写一篇 200 字左右的短文,描述学习收获和体会。

收获和体会

3. 展现环节

每组选派一名代表汇报本组人工智能软件的选择和实践情况,分享实践收获和体会。指导教师进行点评和总结。